KNAUR

PETRA BOCK

MINDFUCK JOB

So beenden Sie Selbstblockaden
und entfalten Ihr volles berufliches Potenzial

KNAUR

Besuchen Sie uns im Internet:
www.knaur.de

FSC
www.fsc.org
MIX
Papier aus verantwortungsvollen Quellen
FSC® C083411

Ein Imprint der Verlagsgruppe
Droemer Knaur GmbH & Co. KG, München

Redaktion: Antje Nissen
Illustrationen: Christoph J. Kellner
Covergestaltung: ZERO Werbeagentur, München
Coverabbildung: FinePic®, München
Satz: Wilhelm Vornehm, München
Druck und Bindung: CPI books GmbH, Leck
ISBN 978-3-426-65550-4

2 4 5 3 1

Für Kara

Inhaltsverzeichnis

Liebe Leserin, lieber Leser,

in diesem Buch geht es darum, wie Sie Selbstblockaden beenden und Ihrem Berufsleben eine völlig neue Qualität geben. Es geht um einen authentischen Berufsweg, der wirklich zu Ihnen passt und Sie als ganzen Menschen glücklich macht. Konkret bedeutet das: mehr Freude, mehr Erfüllung, mehr Sinn, mehr Geld. Ich bin der Meinung, dass Sie heute nichts anderes akzeptieren sollten als ein wirklich erfolgreiches und erfülltes Berufsleben, in dem Sie Ihr persönliches Potenzial voll und ganz entfalten können.

Mir ist in Tausenden Gesprächen mit meinen Klienten, die aus den unterschiedlichsten Berufsgruppen kommen, aufgefallen, dass die Qualität unseres Arbeitslebens enorm viel mit unserem Denken zu tun hat. Es gibt eine Art Parallelwelt in unserem Kopf, mit der wir uns viel zu oft selbst blockieren und uns kleiner machen, als wir sind, und unsere wahren Wünsche und Möglichkeiten verleugnen. Manchmal wissen wir nicht einmal, was wir wirklich wollen. All das und noch vieles mehr hat mit ganz bestimmten Denkmustern zu tun, mit denen wir uns selbst behindern. Ich nenne sie MINDFUCK. Sie funktionieren wie ein Code, mit dem wir uns den Zugang zu unserem eigentlichen Potenzial versperren.

Ich weiß, MINDFUCK ist kein schönes Wort, aber das, was wir da mit uns machen, ist auch nicht gerade schön. Es ist an der Zeit, den Code zu entschlüsseln und zu entdecken, dass genau hinter diesen Blockaden der Mensch wartet, der Sie beruflich wirklich sind.

In diesem Buch, das übrigens das vierte Buch der Reihe zu MINDFUCK ist, werden Sie lernen, wie Sie Ihre ganz persönlichen Blockaden im Job verstehen und überwinden können. Sie werden erfahren, wie Sie aus Ihrem Beruf und Ihren produktivsten und intensivsten Lebensjahren etwas wirklich

Aufregendes und Befriedigendes machen. Etwas, wofür es sich lohnt, jeden Morgen gerne aufzustehen.
Ich wünsche Ihnen viel Freude beim Entdecken und Entfalten Ihres ganz persönlichen beruflichen Potenzials.

Dr. Petra Bock, Berlin, im Frühjahr 2015

Wie wir uns im Beruf selbst blockieren

Die Entdeckung der Parallelwelt in unserem Kopf

Es ist ein ganz gewöhnlicher Montagmorgen, als ich im Flieger nach London neben einem Geschäftsmann Platz nehme. Was ich zu diesem Zeitpunkt nicht weiß: Es ist eine Begegnung, die meine Arbeit und mein Leben ebenso wie seines verändern wird. Wir kommen ins Gespräch, und als er erfährt, dass ich Coach bin, sagt er: »Wissen Sie, ich fliege jede Woche in eine Stadt, die ich nicht mag, um einen Job zu erledigen, der mich fertigmacht. Am Wochenende bin ich dann viel zu müde, um noch etwas mit meiner Familie zu unternehmen.«

»Was würden Sie denn tun, wenn Sie die Wahl hätten? Wenn Sie einfach frei entscheiden könnten?«, frage ich. Er denkt einen Moment nach, dann beginnen seine Augen zu leuchten.

»Ich würde zuerst nach Indien reisen und meiner Frau vor dem Taj Mahal einen zweiten Heiratsantrag machen. Der erste kam, obwohl sie ihn angenommen hat, nicht so gut an. Ich hatte sie gefragt, ob sie mich aus steuerlichen Gründen heiraten würde.« Wir lachen beide.

»Dann«, fährt er fort, »würden wir uns mit den Kindern in den großen Ferien die Welt ansehen. Ich würde meinem Sohn und meiner Tochter gerne zeigen, wie faszinierend Asien ist. Ich bin oft geschäftlich dort.« Ich bin ganz bei ihm, als er das erzählt, spüre, wie sehr er seine Familie liebt und wie oft er sie vermisst. »Und dann?«, frage ich weiter.

»Dann würde ich wieder ganz zurückgehen in unsere Heimat nach Süddeutschland und nicht mehr pendeln. Mich vielleicht selbstständig machen. Irgendetwas Sinnvolles tun, etwas, das ich gestalten und gemeinsam mit anderen voranbringen kann.

Ich würde mich auch gerne sozial engagieren und etwas zurückgeben an andere, die es nicht so gut haben wie ich.«
Nachdem er das gesagt hat, schweigt er. Dann sagt er bitter: »Aber wissen Sie, man kann ja viel träumen, nicht wahr? Das Leben ist nun mal kein Wunschkonzert.«
»Aber was hält Sie davon ab, Ihrem Leben eine neue, für Sie stimmige Richtung zu geben? Sie sind offensichtlich hervorragend ausgebildet, in den allerbesten Jahren und können Ihre berufliche Zukunft doch beherzt in die Hand nehmen.«
Es folgt eine eigenartige Stille. Ich habe mich mit dem, was ich sagte, offensichtlich zu weit vorgewagt. Die Atmosphäre unseres Gesprächs verändert sich. Seine Stimme bekommt einen anderen, herausfordernden Ton. Sein Blick wird streng.
»Das mag wohl Ihr Beruf sein, anderen Flausen in den Kopf zu setzen. Aber ich bin Realist. Ich habe eine Frau und zwei Kinder, die noch viele Jahre Ausbildung brauchen. Ich möchte meine Kinder auf die besten Schulen schicken können, sie sollen später eine Chance haben im globalen Wettbewerb. Die Altersvorsorge für mich und meine Frau steht auch noch nicht. Meinen Sie, wir haben Lust, irgendwann in irgendeinem drittklassigen Heim zu landen? Mit schlechter medizinischer Versorgung? Ich habe keine Wahl. Ich mache das hier nicht aus freien Stücken.«
Ich schweige und denke über das nach, was ich gerade gehört habe. Doch er setzt nach: »Wissen Sie, ich bin gar nicht so dumm, wie Sie jetzt vielleicht denken. Ich habe einen Plan. Wenn ich weiter durchhalte, bin ich mit fünfundfünfzig fertig mit allem und gehe in Rente. Dann ist immer noch Zeit für Weltreisen und solchen Kram.« Er vertieft sich in seine Zeitung, und wir sprechen bis zur Landung nicht mehr. Bei der Verabschiedung entschuldigt er sich förmlich für seinen »vielleicht wohl etwas harschen Ton« und fragt mich nach meiner Visitenkarte. »Vielleicht kann ich Sie ja mal weiterempfehlen. Manche haben ja Bedarf für einen Coach.«

Die Begegnung mit diesem Geschäftsmann, der damals etwa um die vierzig Jahre alt war und als Berater in London arbeitete, beschäftigte mich mehr als viele andere Gespräche, die ich bis zu diesem Zeitpunkt bereits geführt hatte. Was er mir damals so deutlich vor Augen führte und was ein Interesse aufkeimen ließ, mit dem ich mich wohl noch bis zum Ende meines Lebens befassen werde, war die Parallelwelt in unserem Denken, mit der wir uns von dem Leben abhalten, das wir eigentlich haben könnten. Dieser Mann brachte wirklich alle Voraussetzungen dafür mit. Er hatte einen sehr anspruchsvollen, hervorragend bezahlten Beruf, Frau und Kinder, die er liebte. Und dennoch war er unglücklich und hatte sich ein Leben eingerichtet, das ich heute als »Kreuzfahrt an sich selbst vorbei« bezeichnen würde. Ein Leben, das nach außen hin glänzt, nach innen aber eine Ansammlung fauler Kompromisse ist. Er zwang sich, in einem System zu funktionieren, das von Pflichtgefühl und Angst geleitet war. Seine Träume und echten Lebensziele tat er mit alten Weisheiten wie »Das Leben ist kein Wunschkonzert« ab. Er war, und das beschäftigte mich nachhaltig, ein Mensch, der tatsächlich die Wahl hatte, aber innerlich nicht dazu in der Lage war, eine für sich gute Wahl zu treffen. Wenn es schon den Privilegierten im Job so ging, dann war es auch kein Wunder, dass sich so viele Menschen, die tagtäglich ganz normale Jobs machten, wie in einem Hamsterrad fühlten. Ich hatte bereits Menschen aus allen möglichen Berufsgruppen gecoacht: Tischler ebenso wie Ärzte, Kfz-Mechaniker und Offiziere, Büroangestellte und Friseurunternehmer, Topmanager und Friedhofsgärtnerinnen. Selbst wenn das Leben wie ein riesengroßes, wunderbares Buffet vor ihnen ausgebreitet war, schienen sie nicht dazu in der Lage, sich einfach etwas davon zu nehmen. Niemand hätte sie daran gehindert, es hätte tausendundeine Möglichkeit gegeben, aber sie zogen es vor, innerlich unfrei und klein zu bleiben, egal welchen Beruf sie ausübten.

Mit diesem Gespräch im Flugzeug nach London begann meine akribische Suche nach dem, was wir da genau machen, wenn wir uns selbst blockieren, was in unserem Kopf vorgeht, das dazu führt, dass wir weit unter unseren eigentlichen Möglichkeiten an Sinn, Erfolg und Lebensqualität bleiben. Mein Kollege Reinhard Sprenger sagt seit vielen Jahren zu Recht, wir hätten die Wahl, und eines seiner bekanntesten Bücher trägt den programmatischen Titel *Die Entscheidung liegt bei dir!*. Leichter gesagt als getan. Was mich an diesem Montagmorgen auf eine faszinierende Spur brachte, war diese eine Frage: Wie machen wir das, wenn wir denken, dass wir *keine* Wahl haben? Wie blockieren wir uns selbst? Wie machen wir aus unserer tatsächlichen Freiheit ein Leben voller kleiner und großer Unfreiheiten? Und wie werden wir dieses Denken wieder los? Wie kann es uns gelingen, uns innerlich davon zu befreien, um beruflich und persönlich endlich so zu wachsen, wie wir es wollen und verdient haben?

Auf meiner mentalen Expedition in die Welt unserer Selbstblockaden sind mir sechs Themen aufgefallen, die mir in Job-Coachings immer wieder begegnen.

Angst

Die meisten Menschen bewegt inmitten unserer Hightech-Welt im Job eine diffuse Angst. Angst davor, nicht zu genügen; Angst davor, den Anschluss zu verlieren; Angst davor, vielleicht sogar auf ganzer Linie zu scheitern, buchstäblich die eigene Existenz zu verlieren. In einer Welt, in der sich so vieles um Status, Geld, Konsum und äußerliche Perfektion dreht, in der scheinbar viele Menschen so smart sind und so mühelos reich werden, reduzieren wir unser in Wirklichkeit so filigranes, vielschichtiges und einzigartiges Leben auf diese eine Riesenfrage: Was muss ich tun, um alles richtig zu machen? Für viele beginnt ein ganz normaler Montagmorgen bereits mit dieser diffusen Angst im Bauch. Mit dem inneren Aufscrollen einer nicht enden wollenden To-do-Liste. Was muss ich noch erledigen? Wer könnte mir heute wieder auf die Füße steigen? Wann fliegt auf, dass ich längst nicht alles unter Kontrolle habe? Ich muss mich noch mehr anstrengen! Angst ist die Schwester von Druck. Und Sie ahnen sicher schon, dass beide schlechte Ratgeber sind.

Selbstzweifel

Andere zweifeln immer wieder an sich selbst. Sie haben das Gefühl, nicht gut genug zu sein, es vielleicht gar nicht verdient zu haben, ein glückliches, erfolgreiches Berufsleben zu führen. Sie quälen sich mit immer neuen Selbstzweifeln, obwohl sie bei Tageslicht betrachtet genau sehen würden, dass sie eine Menge können und wirklich viel leisten. Aber sie bringen es nicht rüber, verstecken sich förmlich und haben Angst, das von ihrem Leben zu erwarten und einzufordern, was sie sich wirklich wünschen. Andere ziehen an ihnen vorbei, und so entsteht der fatale Eindruck, dass nur die Schaumschläger und Intriganten im Job weiterkommen. Ein erfülltes, erfolgreiches Berufsleben? Ehrliche Anerkennung? »Habe ich doch gar nicht verdient«, sagen sie sich. »Was kann ich denn schon? Was glaube ich eigentlich, wer ich bin?« Kein Wunder, wenn sich Frust und Depression breitmachen.

Orientierungslosigkeit

Wieder andere wissen nicht, in welche Richtung es gehen soll. Sie sind geradezu verzweifelt auf der Suche nach dem, was sie wirklich machen wollen. Kein Job erfüllt sie, immer stimmt irgendetwas nicht. An jeder Chance scheint ein Haken zu sein. Manchmal erlebe ich diese Problematik bei Menschen, die gerade einen Burn-out hinter sich haben oder kurz davorstehen, in einen hineinzuschlittern. Jede noch so kleine Herausforderung scheint eine Wunde aufzureißen, die sich doch gerade erst zu schließen begann. Plan- und Orientierungslosigkeit kann auch damit zu tun haben, dass wir zu wenig darüber wissen, was wir genau tun können, um in einem Feld erfolgreich und glücklich zu arbeiten. Wir haben eine Idee, aber keine Ahnung, wie man sie umsetzen könnte. Vor lauter Fragezeichen und MINDFUCKS im Kopf bleiben wir lieber in der bekannten Komfortzone. Dabei wäre es so einfach, sich neugierig auf die Suche zu machen und wirklich erfolgreich Experte oder Expertin im eigenen Traumberuf zu werden.

Fehlender Mut

In anderen Fällen erlebe ich Menschen, die tief in ihrem Inneren genau wissen, was sie wollen, aber bisher nicht den Mut finden, dazu zu stehen. Im Gegensatz zu rein von Angst gesteuerten Menschen, die blind weiterfunktionieren, denken sie über Alternativen nach. Es gibt längst einen Plan B, aber der wird mit allerhand MINDFUCKS torpediert. Es gibt tausendundeinen »vernünftigen« Grund, sich nicht zu bewegen. Sie bleiben im scheinbar sicheren Hafen und spüren selbst, dass dieser sich eher wie eine Endstation anfühlt. Es heißt, jedes Schiff brauche einen Hafen, aber Schiffe seien nicht für den Hafen gebaut. Irgendwann wünscht man sich dann sogar einen Sturm, um aus dem grauen Alltag notfalls gewaltsam ins echte Leben hinausgespült zu werden.

Konflikte

Angst, Selbstzweifel, Orientierungslosigkeit und fehlender Mut sind Hauptursachen für beruflichen Frust, und sie sind allesamt mit starken inneren Blockaden verbunden. Aufreibende Konflikte mit anderen sind eine weitere Planke auf dem beruflichen Holzweg. Viele Menschen sind wegen ihrer Chefs frustriert. Sie halten »die da oben« für ungerecht oder sogar unfähig. Mit den Kolleginnen oder Kollegen läuft es auch häufig schief. Führungskräfte und Selbstständige ärgern sich viel zu oft über ihre Mitarbeiter. Halten sie, wenn sie ehrlich sind, für faul, aufsässig oder unfähig. Fehlendes Zutrauen und handfestes Misstrauen gehören aus meiner Sicht zu den häufigsten und schwerwiegendsten Führungsfehlern unserer Zeit. Auch der Umgang mit anspruchsvollen Kunden kann zu einem Ärgernis werden, das fähige Leute sogar so weit bringt, dass sie am liebsten das Handtuch werfen wollen. Wenn der Umgang mit anderen zu einer Quelle von Frust, Stress und Misstrauen wird, ist es wirklich an der Zeit, sich seiner eigenen Haltungen und Gedanken stärker bewusst zu werden und innere Blockaden zu überwinden. Denn nichts behindert unser Potenzial mehr als schlechte Zusammenarbeit. MINDFUCK trifft uns alle, aber wenn mehrere Menschen gemeinsam MINDFUCK betreiben, ist das wie ein Biotop, das nach und nach kippt. Irgendwann bleibt keinem mehr genug Luft zu atmen. Gerade in kleineren Teams und unter engen Kollegen oder Geschäftspartnerschaften kann das fatale Folgen haben.

Scheinbar sinnlose Selbstblockaden

Am unteren Ende der Frust-Fahnenstange gibt es noch die zahlreichen Spielarten des scheinbar sinnlosen selbstschädigenden Verhaltens: Projekte vor sich herschieben, Dinge nicht vom Tisch bekommen, zu feige sein, einen Anruf zu tätigen, tausend Ausreden finden, um in der Stagnation zu bleiben. Wir wissen in diesen Momenten ganz genau, dass etwas schiefläuft, aber wir haben das Gefühl, ein inneres Programm zu absolvieren, das sich automatisch abspult und aus dem es kein Entrinnen gibt. Am Ende eines solchen Tages warten nichts als Frust und Selbstbeschimpfung. »Bin ich vielleicht selbstquälerisch veranlagt, ohne es zu wissen?«, fragte mich einmal eine Klientin. Nein. Ich denke, es ist ein sehr veraltetes, aber ursprünglich sinnvolles Widerstandsprogramm, das da abläuft. Wir wehren uns gegen eine ganz bestimmte Vorstellung von Arbeit und unserer eigenen Person. Das Phänomen der Prokrastination, der sogenannten Aufschieberitis, reicht meinen Erfahrungen nach vom inneren passiven Widerstand gegen eine Tendenz zur Selbstversklavung bis hin zum geheimen Wunsch, von jemand anderem gerettet und ernährt zu werden. Es ist tatsächlich ein geradezu minutiös ablaufendes Programm von MINDFUCK, das wir abspulen, wenn wir uns bei der Arbeit selbstschädigend verhalten: Von innen erlebt eine langsame, immer wiederkehrende Tortur. Von außen betrachtet ein hochinteressantes Phänomen, das uns ganz neue, phantastische Perspektiven eröffnet, sobald wir es verstanden und gelöst haben.

Alle diese Probleme haben mit inneren Blockaden zu tun, die ich MINDFUCK nenne. Ich glaube, es ist wichtig, dass jeder von uns seine Selbstblockaden erkennt, versteht und beendet. Es gibt kein größeres Hindernis für unsere volle berufliche und persönliche Potenzialentfaltung als dieses System von MINDFUCK, das uns innerlich in schwache oder aggressive Zustände abrutschen lässt. Auch in meiner Arbeit mit namhaften Unternehmen sehe ich täglich MINDFUCK in Aktion. In meinen Vorträgen erlebe ich die Betroffenheit, aber auch die Erleichterung, wenn ich das Phänomen beschreibe. Jeder kann sich darin wiederfinden. Und das Interesse, das die mittlerweile drei Vorgängerbücher zu MINDFUCK in verschiedenen Ländern und Kulturen der Welt hervorrufen, legt nahe, dass das innere System von Selbstblockaden ein grundmenschliches Phänomen ist, das sich durch viele Kulturen zieht. Wir brauchen uns also nicht dafür zu schämen. Es ist normal. Und dennoch so schädlich, dass wir es uns nicht länger leisten sollten. Denn die rasanten Veränderungen der Arbeitswelt machen es möglich und sogar nötig, dass jeder von uns beruflich sein eigenes Potenzial an Lebensfreude, Lebensqualität, echtem Engagement und hoher Arbeitsqualität voll entfaltet. Immer weniger Menschen werden in den nächsten Jahrzehnten die komplexen Gesellschaften in einem drastisch alternden Europa aufrechterhalten müssen. Das geht nur, wenn jeder von uns länger, besser und leichter arbeitet. Zukünftig werden Unternehmen und Behörden um Mitarbeiterinnen und Mitarbeiter, die Mangelware sind, werben. Die Gehälter derjenigen, die gut ausgebildet sind, werden explodieren, die Arbeitswelt wird eine Transformation erleben, die einer Revolution gleicht. Revolution bedeutet, dass sich die bisherigen Verhältnisse umkehren und wir von einem arbeitgebergesteuerten Arbeitsmarkt zu einem arbeitnehmergesteuerten Arbeitsmarkt kommen. Unternehmen stehen dabei in einem harten Wettbewerb um Mitarbeiter. Das heißt aber nicht, dass es gemütlicher für uns alle wird. Wir werden zwar mehr verdienen und die Wahl haben, aber wir werden auch ein völlig neues Niveau an Produktivität, Lernen, Flexibilität und Kooperationsfähigkeit zeigen müssen. Gezicke, sinnlose Politik, Eltern-Kind-Spielchen am Arbeitsplatz und selbstbezogene Lustlosigkeit werden nicht mehr funktionieren. Gleichzeitig haben wir auch ein gutes Recht darauf, uns als einzigartige, wertvolle Individuen zu erleben, die nur dieses eine Leben haben und dieses erfüllt, bedeutsam und mit hoher Lebensqualität erleben wollen. Das alles braucht menschliche Potenzialentfaltung. Wir können es uns nicht mehr leisten, einzeln und kollektiv Talente schlummern zu lassen, das Falsche zu tun oder uns gegenseitig durch sinnlose Konflikte und selbstbezogenen Wettbewerb zu behindern. Beide Megatrends, die Alterung und Globalisierung unserer Lebenswelt einerseits und die Ansprüche der Individualisierung andererseits, lassen sich aus meiner Sicht nur dann bewältigen, wenn wir einzeln und gemeinsam menschliche Potenziale voll entfalten. Wir brauchen neben dem rasanten technischen Fortschritt endlich auch einen echten menschlichen Fortschritt. Dieser Fortschritt aber kann nur in unserem Denken und in unseren Überzeugungen stattfinden. Wenn er uns gelingt, ist die Zukunft ein Projekt, das wir zuversichtlich in die Hand nehmen können. Leichter, befreiter, erwachsen.

Heute, ungefähr zehn Jahre nach dem für mich denkwürdigen Flug nach London und vier Jahre nach dem Erscheinen meines ersten Buchs zu MINDFUCK, habe ich nach zahlreichen weiteren Beobachtungen und Coachings mit einzelnen Teams und Gruppen ein noch tieferes Verständnis von Blockaden gewinnen können. Auf den Punkt gebracht, ist der Kern der Theorie und die Basis der Methodik, die ich Ihnen hier vorstelle, folgende: Ich gehe davon aus, dass wir uns mit einem ganz bestimmten System von Gedanken, die ich MINDFUCK nenne, selbst blockieren. Es sind nicht einfach irgendwelche zufälligen Meinungen oder Glaubenssätze, die wir da innerlich für wahr halten, sondern ein ganzes System von Überzeugungen, die in sich eine geschlossene Logik und sogar eigene sprachliche Besonderheiten aufweisen. Sie bilden eine eigenständige Parallelwelt in unserem Denken, die unser tatsächliches Erleben und Verhalten stark beeinflusst. Sie stammen aus einer früheren Phase unserer eigenen Biographie oder sind Teil eines kollektiven kulturellen Erbes von Überzeugungen über uns selbst und die Welt, die wir über Generationen hinweg erlernt haben. Heute bringen sie uns nicht mehr weiter, denn sie taugen nicht dazu, uns die Welt des 21. Jahrhunderts verstehen zu lassen. Sie führen uns von uns selbst und unseren wahren Möglichkeiten weg. Wir geraten in einen destruktiven inneren Dialog mit uns selbst. Wir spüren nicht mehr die Kraft und Freiheit des selbstwirksamen Erwachsenen, der wir heute sind, sondern erfahren uns selbst wie strenge Eltern oder wie hilflose, überforderte Kinder. Ich habe dieses Gedankensystem bewusst provokant MINDFUCK genannt, damit wir es nicht für eine Krankheit oder irgendetwas Schwerwiegendes und Unveränderbares halten, sondern für das, was es ist: eine fast schon lächerliche, schlechte Denkgewohnheit, der wir nicht ausgeliefert sind, sondern die wir kraft unseres eigenen Verstandes ändern können. Richtig verstanden liest sich die Welt unserer inneren Blockaden wie ein Code, hinter dem unser eigentliches Potenzial verborgen ist. Lesen wir die unsinnig und destruktiv erscheinenden Denkmuster wie einen Störungscode, so gelangen wir über dessen Entschlüsselung zu den Impulsen, die wir eigentlich brauchen, um uns in einer konkreten Situation oder einem Lebensthema voll zu entfalten. Hinter jedem Störungscode liegt also ein bislang durch die Blockade verborgener Entfaltungscode. Hinter jedem MINDFUCK wartet ein echter Schatz darauf, von Ihnen entdeckt zu werden.

Eine grundlegend neue Sichtweise

Das Grundprinzip meines Ansatzes ist meine Theorie der Selbst-Störung und der Ent-Störung von Menschen. Meine Hypothese ist, dass wir dann, wenn wir die in jedem von uns existierende Denkwelt der Selbststörung erkennen und entschlüsseln, zu einem ganz natürlich vorhandenen außergewöhnlichen Potenzial in jedem von uns vorstoßen. Einem Potenzial, das wir alle noch nicht annähernd ausgeschöpft haben. Potenzialentfaltung ist also aus meiner Sicht eine ganz natürliche Folge von Selbst-Ent-Störung. Und das hat nichts mit Esoterik oder Spiritualität zu tun, sondern ist ein sehr transparenter, von Verstand, Gefühl und echtem Realitätssinn geleiteter Prozess der Selbstaufklärung. Jobthemen so zu reflektieren und zu lösen, ist eine sehr aufregende und tatsächlich tief gehende Erfahrung. Manchmal geht es darum, einfach nur zu lachen und das Brett vor dem Kopf, das man seit Jahren vor sich herträgt, als das zu erkennen, was es ist. Manchmal führt es auch dazu, dass wir sehr nachdenklich werden. Manchmal ist es einfach zum Heulen, was wir da seit Jahren mit uns gemacht haben. Und es ist sehr bewegend, an die Menschen der Generationen vor uns zu denken, die das MINDFUCK-System im Kopf noch brauchten, um in einer harten Welt, die von Not und Mangel geprägt war, überleben zu können. MINDFUCKS zu erkennen und zu beenden, lässt also niemals kalt. Diese Erfahrung lässt uns tiefer in unsere Abgründe blicken, als uns manchmal lieb ist. Aber es gibt aus meiner Sicht nichts, was uns so tiefgreifend verändert und nachhaltig zu einem besseren Leben hin befreit, als die eigenen Blockaden zu erkennen, zu verstehen und durch sie hindurch zu unseren wahren Potenzialen vorzustoßen. Wir werden zu einem anderen Menschen. Dem Menschen, der wir wirklich sind. Was wir dann in uns sehen und erleben, kann atemberaubend sein. Sie können also recht sicher sein, dass das, was Sie sich heute zutrauen, lange nicht das ist, was Ihr wirkliches Potenzial bereithält.

Der Erste, der in diese Richtung dachte und das Phänomen der Selbststörung in Leistungszusammenhängen entdeckte, war der Amerikaner und Sportcoach Timothy Gallwey, der heute als Vater des modernen Coachings gilt. Er hatte beobachtet, dass Tennisspieler, die sich im Spiel von inneren Selbstgesprächen befreien, deutlich lern- und leistungsfähiger sind als diejenigen, die sich innerlich abkanzelten oder extrem motivierten. In seinem »Inner Game«-Ansatz, den er in den siebziger Jahren des vergangenen Jahrhunderts entwickelte, behauptet er, der Gegner im Kopf sei oftmals stärker als der auf der anderen Seite des Netzes. Er entdeckte also die Bedeutung des inneren Dialogs, untersuchte aber nicht weiter, woher die störende Stimme in uns kommt und welche Funktion sie haben könnte. Er wollte sie einfach nur loswerden. Um komplexe Entscheidungen in Beruf und Leben zu treffen, reicht es aber nicht, innerlich zu schweigen. Deshalb war es für mich und die Arbeit mit meinen Klienten unerlässlich, das Phänomen der Selbststörung noch besser zu verstehen. Es erschien mir unerlässlich, eine echte Theorie der menschlichen Selbststörung und Entstörung zu entwickeln und methodisch fruchtbar zu machen. Diese Arbeit dauerte viele Jahre und schöpfte ihre Erkenntnisse aus den Coachings mit Menschen, die zum Teil äußerst hartnäckige Blockaden überwinden und nachhaltig weiterkommen wollten. Maßstab des Erfolgs waren ausschließlich die praktischen Ergebnisse, die meine Klienten realisieren konnten. Ich wollte mich nicht mehr damit zufriedengeben, sie lediglich mit neuen Lösungsansätzen und motivierenden Zielbildern zu verabschieden, sondern maß den Erfolg meiner Arbeit daran, ob sie tatsächlich ins Handeln kamen und echte Veränderungen in ihrem Berufsleben realisierten. Die Hinweise, die Sie in diesem Buch finden, sind also allesamt praktisch erprobt. Sie sind weitreichend und verlangen, sich intensiv mit neuen Sichtweisen und Erkenntnissen auseinanderzusetzen. Was Sie dadurch erreichen, ist ein neues Verständnis von sich und Ihren mentalen Strategien, das mehr wert ist als jeder einfache Selbsthilfe-Tipp. Sie merken, wann Sie sich selbst blockieren. Sie verstehen, was Sie dann tun, und Sie wissen, wie Sie das jederzeit beenden können.

Warum wir den Inneren Kompass neu ausrichten müssen

Wichtig ist: Der innere Dialog, mit dem wir uns selbst blockieren, ist wie ein Innerer Kompass, der falsch gepolt ist und uns in die falsche Richtung führt. Wir glauben dann tief in unserem Inneren an etwas, das wir eigentlich gar nicht mehr glauben wollen und das tatsächlich nicht mehr stimmt. Die falsche Polung ist für eine Welt gemacht, die es schon lange nicht mehr gibt, und kann uns deshalb keine Orientierung mehr bieten. Wir machen dann Dinge, die wir eigentlich nicht wollen, oder verlieren vollkommen das Gefühl für uns selbst und für die reale Welt da draußen. Wie überaus relevant dieses Thema des Inneren Kompasses für unsere Zeit ist, kann ich beinahe täglich beobachten. Ein neues und aus meiner Sicht extrem stark verbreitetes Störungs-Phänomen unserer Zeit ist, dass sehr viele von uns nicht mehr wissen, was sie eigentlich wollen. Sehr viele Menschen kommen genau deshalb ins Coaching. Sie sehen keine Perspektive für sich und für das, was sie in ihrem Leben beruflich bewegen wollen. Sie haben zwar oft ausgefeilte psychologische Tests über ihre Neigungen, Begabungen, Talente und Kommunikationsstile absolviert, lesen diese Ergebnisse aber wie Urteile über einen Menschen, der nicht viel mit ihnen zu tun hat. Sie wissen nicht, wer sie sind, was sie zu tun imstande sind, was sie wirklich wollen und brauchen, um ein erfülltes, erfolgreiches Berufsleben zu führen. Selbst wenn sie wissen, was sie können, wissen sie noch lange nicht, ob sie das auch wollen. Ein hochinteressantes Phänomen! Führungskräfte und Personalentwickler in Unternehmen pflichten dem häufig bei. Die Fluktuation in vielen Unternehmen steigt, weil deren Mitarbeiter nicht wissen, was sie wollen und ob das, was ihnen das Unternehmen bietet, das ist, was sie wirklich wollen. Das Phänomen betrifft nicht nur die Generation Y, die deshalb allzu oft kritisiert wird. Ich denke, dieses Schlagwort ist lediglich ein Spiegel unserer aktuellen, kollektiven und individuellen Befindlichkeit. Sie zeigt, dass unser Innerer Kompass uns keinen Weg mehr durch die hochkomplexe Welt unserer Zeit bietet. Er bringt uns entweder zu einer falschen Art des Funktionierens und einem Leben, das an uns vorbeiführt, kann uns aber auch keinen Weg ins wahre Leben, das wir uns alle so wünschen, weisen. Unsere Überzeugungen und Denkmodelle über uns, über Arbeit und über andere taugen einfach nicht mehr.

Ein wesentlicher Teil meiner Aufgabe besteht deshalb darin, Sie dabei zu unterstützen, Ihren Inneren Kompass neu auszurichten. Damit Sie wieder ein klares Gefühl für Ihre wirklichen beruflichen Bedürfnisse und Möglichkeiten bekommen. Nicht alles lässt sich dabei in Ihrem Inneren klären. Leben und Arbeiten ist immer ein Dialog zwischen uns selbst und der Welt da draußen. Und nicht alles lässt sich von uns aus todsicher planen und kontrollieren. Es gibt Themen, die größer sind als wir: Branchenentwicklungen, Unternehmensentscheidungen an der Spitze, politische Dringlichkeiten, von denen wir oft gar nichts wissen. Aber Sie können erst dann ernsthaft einen wirklich stimmigen Weg in ein aus der Tiefe heraus erfülltes Berufsleben finden, wenn Sie Ihre Selbstblockaden erkennen, beenden und Ihr volles inneres Potenzial entdecken. Das vermittelt Ihnen eine neue Sicht auf Sie selbst, auf Ihre wahren Wünsche und Ihre tatsächlichen Möglichkeiten. Etwas, das wir im Beruf ebenso dringend und gut brauchen können wie in der Liebe und anderen zentralen Themen unseres Lebens. Gleichzeitig werden Sie sich sehr viel leichter damit tun, zu lernen und beruflich zu wachsen. Dauerprobleme und Themen, die immer wiederkehren, können Sie mit dem neu ausgerichteten Inneren Kompass ganz anders angehen als bisher. Berufliche Probleme zeigen an, dass dringend ein nächstes Level in Ihrer beruflichen Entwicklung dran ist. Sie zeigen an, dass Sie etwas lernen und einfach nicht mehr akzeptieren sollen, was Sie als Zumutung erleben. Meist ist die Lösung nicht, sich zurückzuziehen und kleinere Brötchen zu backen, sondern ganz im Gegenteil zu wachsen und beherzt den nächsten Schritt zu gehen.

Manchmal bin ich versucht, an ein Schicksal zu glauben, denn ein Jahr nach unserer Begegnung meldete sich der Geschäftsmann von dem Flug nach London wieder bei mir. Einer seiner Freunde, der, wie er, den Plan gehabt hatte, mit fünfundfünfzig Jahren in Rente zu gehen, war im Urlaub auf dem Tennisplatz tot zusammengebrochen. Herzinfarkt. Mit fünfundvierzig. Der Schock saß so tief, dass es den Geschäftsmann zum Nachdenken brachte. Er hatte sich an mich erinnert und rief mich an, um mit mir als unabhängiger Gesprächspartnerin seinen Lebensplan neu zu durchdenken. Unsere Arbeit sollte mehrere Monate dauern. Wir trafen uns etwa alle vier Wochen zu einer intensiven Gesprächssitzung, gingen den Dingen gemeinsam auf den Grund und entdeckten hinter den scheinbar felsenfesten Gewissheiten dieses Mannes einen anderen Menschen. Einen Menschen, der so viel mutiger, so viel neugieriger und so viel kreativer war als der Mann, der an jenem Morgen neben mir im Flieger nach London gesessen hatte. Der Mann, der im Flugzeug so fest davon überzeugt war, keine Wahl treffen zu können, hat heute eine andere Wahl getroffen. Er lebt mit seiner Familie in Süddeutschland, ist in ein Unternehmen eingestiegen und genießt ein erfülltes und erfolgreiches Leben. Wäre sein Freund nicht gestorben und hätte er sich seinen inneren Blockaden nicht gestellt, würde er wohl noch heute jeden Montagmorgen unglücklich im Flieger nach London sitzen. Und sich als älterer Mann eines Tages fragen: Ist das wirklich alles gewesen? Wie gut, dass wir die Wahl haben. Und endlich auch treffen können.

Die faszinierende Welt der Selbstblockaden

In dem Film *Der Himmel über Berlin* von Wim Wenders fliegen zwei Engel durch die Stadt. Sie stellen sich neben die Menschen, denen sie begegnen, und hören ihren Gedanken zu. Jeder von uns könnte jederzeit überall da, wo miteinander gearbeitet wird, beobachten, wie Menschen sich selbst und andere mental und emotional blockieren. Ganz ähnlich wie die Engel in Wim Wenders' Film könnten wir uns an einem ganz normalen Tag neben eine Bäckereiverkäuferin, einen Manager, einen Webdesigner oder eine Ärztin stellen und würden fasziniert feststellen, wie oft und wie stark sich jeder von ihnen bei der Arbeit mit Gedanken und Gefühlen stört und damit seine Lebensfreude, seine Produktivität und sein berufliches Potenzial blockiert.

Da ist zum Beispiel die Bäckereiverkäuferin, die eine neue Auszubildende einarbeitet. Hören wir einmal ihren Gedanken zu: »Sieht die denn nicht, dass der Boden schon längst gewischt gehört? Hat die keine Augen im Kopf? Die ist einfach dumm und faul. Die lernt nichts. Die will einfach nicht. Wahrscheinlich wartet sie ab, dass ich jetzt putze. Nicht nur dumm und faul, sondern auch noch falsch. Der werd ich's zeigen ...« Der Beginn eines Kleinkriegs, den die junge Auszubildende nicht versteht. Ihre Ausbilderin fühlt sich im Recht. Meint, es wäre wichtig, andere Saiten aufzuziehen. Sie will ihren Job gut machen und »ihre Mädchen« an ordentliche Arbeit gewöhnen. Die junge Frau aber wird die Lehre in dieser Bäckerei nicht abschließen. Sie wird mit dem schlechten Gefühl, nicht gut genug zu sein, abbrechen, sich vielleicht etwas anderes suchen und mit noch weniger Lust an die Arbeit gehen. Der Bäckermeister aber wird sich nachts

Gedanken machen, wie es weitergehen soll bei dem Nachwuchsmangel. Es ist schon die dritte Auszubildende, die ihre Lehre bei ihm frühzeitig beendet hat. Wollen die jungen Leute einfach nicht mehr arbeiten?

Drei Etagen über der Bäckerei sitzt ein Manager in einem repräsentativen Büro. »Wenn die Umsätze nicht bald hochgehen, bin ich platt. Müller wird sich die Hände reiben. Der sägt ja schon lange genug an meinem Stuhl. Und was mache ich, wenn ich gehen muss? Jetzt, wo wir uns endlich hier eingelebt und die Kinder neue Freunde haben? Nicht auszudenken, was zu Hause los ist, wenn ich diesen Job verliere. Und wie peinlich. Ich weiß gar nicht, wie ich mich dann noch im Spiegel anschauen kann. Eigentlich bräuchte ich längst Urlaub. Aber bei den Zahlen ist gar nicht daran zu denken. Vielleicht falle ich einfach mal irgendwo um. Jetzt reiß dich zusammen. Du musst da durch.« Unter seinen Achseln haben sich schon Schweißflecken gebildet. Er sitzt vor einem weißen Blatt Papier und will sich Gedanken machen, was jetzt zu tun ist. Aber er ist so angespannt, dass ihm nichts einfällt. »Erst mal eine rauchen«, sagt er sich. Und hasst sich dafür, dass er trotz aller guten Vorsätze wieder mit dem Rauchen angefangen hat. Ein halbes Jahr später wird ihn sein Arzt an einen Herzspezialisten überweisen. Zu viel Stress, zu viel Rauchen, zu viel Alkohol: »Wenn Sie so weitermachen, werden Sie nicht alt.«

Der Webdesigner sitzt im Haus gegenüber an seinem Schreibtisch. »Homeoffice! Ich dachte, das ist was Schönes. Endlich raus aus dem Agenturstress. Und jetzt? Ich kann dieses Zimmer nicht mehr sehen. Starre schon seit Stunden auf den E-Mail-Account und hoffe, dass sich jemand auf meine neue Website meldet. Vom Rumsitzen wirst du keine Kunden bekommen. Aber ich bin doch kein Klinkenputzer! Du traust dich nicht, auf Leute zuzugehen. Das ist dein Problem. So wird das nichts. Mein Vater hatte wohl recht. Nichts als

Flausen im Kopf. So wird überhaupt nichts aus dir. Du bist und bleibst ein Versager.«
Die Ärztin in der Praxis nebenan hat in diesem Moment gerade ins überfüllte Wartezimmer geschaut. »Ich schaff das nicht mehr. Das ist mir alles zu viel. Ich kann die Leute nicht mehr sehen. Eine tolle Ärztin bist du, wirklich. Du wusstest von Anfang an, dass es der falsche Job ist. Aber jetzt bist du fünfunddreißig und zu alt, um etwas anderes zu machen. Reiß dich zusammen und hol den nächsten Patienten rein.«

Was wir als imaginäre Engel gehört haben, ist nichts anderes als die Parallelwelt in unserem Kopf, die darüber entscheidet, was wir wirklich über uns, über andere und unser Leben denken. Wir sind nicht mit diesem Denken geboren, wir haben irgendwann gelernt, so zu denken. Wenn es aber ein erlerntes Denken ist, mit dem wir uns selbst blockieren, dann können wir auch etwas anderes an seine Stelle setzen. So wie wir zwei Sprachen sprechen können, so können wir neben der Blockadesprache auch eine Potenzialentfaltungssprache, also das genaue Gegenteil, sprechen. Die beste Nachricht ist, dass die Potenzialentfaltungssprache die eigentliche Muttersprache aller Menschen ist.

Die sieben Arten, sich im Job selbst zu sabotieren

Jede Blockade gehört zu einem von sieben verschiedenen Denkmustern, mit denen wir uns selbst blockieren*. Sie werden sie zunächst kurz einzeln kennenlernen und können bei der Lektüre schon überlegen, welche davon Sie aus Ihrem eigenen Denken im Job auf Anhieb wiedererkennen. Mög-

* Die Geschichte der Entdeckung von MINDFUCKS, die gesamte Theorie und ihre Hintergründe habe ich in meinem Buch *MINDFUCK. Warum wir uns selbst sabotieren und was wir dagegen tun können*, München 2011, erzählt.

licherweise sind es gleich alle sieben. Willkommen im Club des Menschlichen. Sie sind nicht allein. Millionen von Leidensgenossen kennen das auch. Und wie gesagt, sie bilden den Code, hinter dem es eine Menge positiver Dinge zu entdecken gilt.

1. *Katastrophen*-MINDFUCK
Sie machen sich Angst oder malen sich regelrecht Horrorszenarien aus (z. B. den Job verlieren und unter der Brücke landen ...). Aus Angst zwingen Sie sich zu Dingen, die Sie eigentlich gar nicht möchten, oder fühlen sich einfach nur wie gelähmt.

2. *Selbstverleugnungs*-MINDFUCK
Sie verleugnen im Job Ihre eigenen Interessen und lassen anderen zu oft den Vortritt.

3. *Bewertungs*-MINDFUCK
Sie haben die Neigung, sich selbst und andere chronisch an Perfektionsmaßstäben zu messen, sehen immer den Fehler, kritisieren viel und werten sich und andere ab.

4. *Druckmacher*-MINDFUCK
Sie setzen sich und andere immer wieder unter Druck und halten das vielleicht sogar für richtig und für normal.

5. *Regel*-MINDFUCK
Sie denken, es gebe für alles im Beruf Regeln. Sie selbst und andere müssen sich rigide daran halten, ob richtig oder falsch, sonst gibt es nur Probleme.

6. *Misstrauens*-MINDFUCK
Sie trauen sich selbst nicht allzu viel zu, misstrauen sich vielleicht sogar, ob Sie es je zu dem bringen werden, was eigentlich möglich wäre. Sie misstrauen auch anderen und fühlen sich oft und schnell hintergangen.

7. *Übermotivations*-MINDFUCK
Sie euphorisieren sich immer wieder mit Menschen oder Dingen, die Sie extrem motivieren, doch nach kurzer Zeit enttäuschen oder einfach nicht mehr interessieren. Sie suchen immer wieder unbewusst nach einem emotionalen Kick im Beruf und fühlen sich manchmal wie ein Motivations-Junkie, der zwischen himmelhoch jauchzend und zu Tode betrübt hin und her wechselt. Ihre Wirksamkeit bleibt auf der Strecke, weil Sie an Dingen, die nicht dauernd gute Gefühle bringen, nicht dranbleiben können.

Sie finden diese Liste als Arbeitsblatt für Ihren persönlichen Gebrauch übrigens unter »Kostenlose Downloads« auf www.mindfuck-coaching.com.

Gehen wir die sieben MINDFUCK-Arten noch einmal im Detail durch. Sie erhalten auf diese Weise einen überaus wertvollen Einblick in die grundsätzliche Bauart aller Selbstblockaden und gleichzeitig erste Hinweise auf hinter den MINDFUCKS liegende Entfaltungsimpulse, die wir in einem späteren Teil noch vertiefen werden.

1. *Katastrophen-MINDFUCK*

Katastrophen-MINDFUCK sind Denkmuster, mit denen wir uns Angst machen und Horrorszenarien ausmalen. Das Prinzip lautet: *Überall lauert Gefahr. Geh immer vom Schlimmsten aus!* Katastrophen-MINDFUCK im Beruf ist häufig mit Existenzängsten verbunden. Wir erpressen uns, bringen uns zum Funktionieren, indem wir uns mit dem Verlust unseres Jobs, unserer materiellen Existenz oder unseres Ansehens drohen. Ich erlebe dieses Muster häufig bei Menschen, die das Gefühl haben, beruflich zu stagnieren. Sie wollen zum Beispiel aufsteigen, den Job wechseln oder sich selbstständig machen und hindern sich mit allerlei selbst ausgedachten Ängsten daran. Wenn wir aber bei jeder Frage, die unseren natürlichen Mut und unsere Neugierde braucht, zuerst ins Grübeln geraten, was passieren würde, wenn es schiefgeht, werden wir wahrscheinlich gar nicht handeln, immer auf Nummer sicher gehen und das Schönste im Leben verpassen. Die großen Chancen, die wirklich aufregenden Sprünge, das, was den Job lebendig macht, hat immer auch etwas mit einem gewissen Risiko zu tun. Wenn wir das scheuen und lieber den Teufel an die Wand malen, passiert in unserem Leben nichts mehr. Die guten Chancen, die großen Träume, die echten Möglichkeiten: das alles zieht an uns vorüber. Wir machen uns klein, werden engstirnig und ängstlich. Feiglinge im eigenen Leben. Hinter der Angst warten der Mut, echte Neugierde und eine faszinierende Unerschrockenheit. Eine Mischung aus sympathischem Wagemut und Lebenshunger. Und tatsächlich gleicht das einer Explosion von Selbstwirksamkeit und Lebensfreude, wenn Sie im Job den Schalter von Angst auf Neugierde und Mut umlegen. Fühlen Sie den Unterschied?

2. *Selbstverleugnungs-MINDFUCK*

Eine weitere Art, sich im Beruf selbst zu blockieren, ist die Angewohnheit, immer zuerst an andere und deren Interessen zu denken, bevor man selbst dran ist. Das Prinzip lautet: *Nimm dich bloß nicht wichtig. Lass anderen den Vortritt!* Im Selbstverleugnungs-Modus versetzen wir uns geradezu zwanghaft in andere hinein, nehmen uns ständig zurück, treten auf der Stelle und verlieren irgendwann die Achtung vor uns selbst. Selbstverleugnung ist deshalb häufig ein Phänomen der übertriebenen Empathie. Wir identifizieren uns mit den Anliegen und angeblichen Sichtweisen von anderen. Selbst dann, wenn wir gar nicht wissen, ob wir damit richtigliegen. Auch bei diesem Muster geht es um eine falsche Form von Sicherheit. Wenn wir uns immer hinter anderen verschanzen und ihnen den Vortritt lassen, dann müssen wir selbst nicht im Rampenlicht stehen. Sicher, manchmal kann das Rampenlicht ganz schön blenden, und nicht jeder fühlt sich wohl, wenn er oder sie die Aufmerksamkeit aller auf sich gerichtet spürt. Und ich will nicht behaupten, dass es dann nicht bequemer ist, sich selbst zu verleugnen. Aber das Verleugnen hat seine scheinbaren Vorteile, die wir oft mit Vernunft verwechseln. Endlich keine Rangeleien mehr mit den vielen Alpha-Tieren des Lebens. Wenigstens Ruhe haben! Was passiert aber wirklich mit uns im Job, wenn wir uns selbst verleugnen? Wir machen nicht das, was wir wirklich wollen, wir streben nicht das an, was uns wirklich interessiert, wir überlassen Chancen und Möglichkeiten anderen und ziehen uns dann frustriert in unser Schneckenhaus zurück. Sehr schade! Wenn wir uns lange selbst verleugnen, fühlen wir uns wie ein vergessenes Möbelstück in der Wohnung unseres Lebens. Sich selbst immer wieder zu verleugnen bedeutet, sich nicht als der Mensch zu zeigen, der man wirklich ist. Wir verraten unsere Individualität und Originalität um einer falschen Anpassung willen.

Selbstverleugnung ist übrigens für Männer und Frauen gleichermaßen aktuell. Sie hat etwas mit der uralten Vorstellung des Heldentods zu tun, die in unserer westlichen Kultur so tief verankert ist. Früher war es einmal das höchste Ziel jedes »anständigen Menschen«, sich aufzuopfern. Einiges davon sehen wir heute noch im Beruf: den Heldentod für die Firma sterben. Das kennen beide Geschlechter. Ein braves Mädchen, ein guter Junge sein. Den Heldentod für Perfektion in der Mehrfachbelastung. Das kennen vor allem Frauen. Immer zuerst die anderen, dann ich. Sie wissen, dass Ihnen das heute kein Mensch mehr dankt. Was aber ist so furchtbar, dass wir diesen immens hohen Preis zu zahlen bereit sind? Ist es die Angst davor, dass andere uns nicht mehr mögen könnten? Dass wir um das kämpfen müssten, was uns wichtig ist? Sind wir wirklich so schwach? Brauchen wir wirklich immer die Zustimmung und die Liebe anderer, um sicher zu sein und uns gut zu fühlen? Sind Konflikte so furchtbar, dass wir lieber gleich verzichten, anstatt mit jemandem aneinanderzugeraten? Die Aggressionen, die sich in einem Leben der Selbstverleugnung anstauen, sind immens. Ich habe noch keinen sich selbst verleugnenden Menschen erlebt, der nicht ein riesengroßes Aggressionspotenzial in sich trägt. Achten Sie mal darauf, wann Ihnen etwas über die Hutschnur geht: Wenn andere sich nicht verleugnen? Wenn Sie sich selbst wieder dafür beschimpfen, sich verleugnet zu haben? Aggression und Autoaggression führen auf lange Sicht zur Depression. Kennen Sie das Gefühl von Hoffnungslosigkeit? Dass es für Sie niemals reichen wird? Dass Sie Ihre Träume und Ziele besser begraben sollten, statt sich immer wieder selbst zu enttäuschen? All das ist der Preis, den wir für die Selbstverleugnung bezahlen.

3. *Bewertungs-MINDFUCK*

Im Bewertungs-MINDFUCK folgen wir der Angewohnheit, uns andauernd kritisch zu bewerten. Das Prinzip lautet: *Nur wer perfekt ist, ist in Ordnung!* Hinter diesem Prinzip tauchen deshalb immer wieder die gleichen Fragen auf: Bin ich gut genug? Könnte ich nicht besser sein? Was klappt noch nicht? In der Regel wenden wir diese gnadenlose Denkgewohnheit auch auf andere an. Sind innerlich am Abchecken, Lästern und Bewerten. Manchmal nur im Stillen, manchmal laut mit anderen, wenn derjenige, den es betrifft, nicht dabei ist. Seien wir ehrlich: Wer kennt das nicht? Wenn wir bewerten, stecken wir uns und andere in eine Schublade. Chronische Bewertung war im Denken unserer Vorfahren einmal wichtig. Jeder musste wissen, wo sein Platz ist und ob er ihn richtig ausfüllt. Soziale Kontrolle funktionierte genau so. Aber heute? In manchen Chefetagen geht es, was das betrifft, bis heute zu wie im absurden Theater. Ständig an sich und anderen herumzukritisieren, passt nicht mehr in unsere freie, offene Berufswelt, in der es um Kreativität, Innovation und gute, vertrauensvolle Zusammenarbeit geht. Die ständige Bewerterei ist zu einer echten Plage, einem wirklichen Entfaltungshindernis geworden. Warum? In dem Moment, in dem Sie beruflich Idealmaßstäbe anlegen, geraten Sie in eine Spirale der Dauerunzufriedenheit. Sie könnten ja immer noch besser sein. Es wird immer jemanden auf der Welt geben, der besser, schneller, effektiver, weiter, schöner, reicher, fähiger ist als Sie. Aber wen kümmert das heute? Es ist Ihr Leben, ein anderes haben Sie nicht. Fangen Sie also an, den Bewertungs-MINDFUCK als das zu entlarven, was er ist: eine Plage, eine Blockade, ein Ärgernis, das Sie nicht mehr akzeptieren sollten. Das ist die richtige Richtung, denn er passt nicht mehr in ein zeitgemäßes Berufsleben. Was wir heute brauchen, ist die Lust am Experimentieren, am Ausprobieren, am Kreieren, am Neuen, an Qualität, die Spaß macht. Dazu benötigen Sie das, was hinter dem Bewertungs-MINDFUCK verschlossen liegt: echte Offenheit, Großzügigkeit und Fairness, Neugierde, bewertungsfreie Aufmerksamkeit, eine sehr sensible Wahrnehmung und ein daraus folgendes ganz natürliches, gesundes Urteilsvermögen. Was funktioniert? Was nicht? Wie könnte ich es besser machen? Für mich? Für meine Lebensqualität? Meine Effektivität? Meine Lust an der Arbeit? Für meine Kunden? Für das Unternehmen, für das ich gerne arbeite? Das ist der richtige Weg, den Sie von selbst einschlagen werden, wenn Sie die Entfaltungsimpulse, die hinter dem Bewertungs-MINDFUCK liegen und die Ihre wahre Persönlichkeit ausmachen, freilegen. Wenn etwas nicht so gut läuft, ist das kein Grund, sich in den Staub zu werfen. Es hat noch niemandem genutzt, sich selbst abzuwerten. Doch diesem Missverständnis sitzen noch viele von uns auf. Wir denken, wir würden uns verbessern, wenn wir uns selbst abwerten. Aber beobachten Sie sich einmal: Was passiert mit Ihrer echten, tief empfundenen Motivation, Ihrer Lust, Ihrer Selbstachtung und Ihrer kreativen Lebensfreude, wenn Sie sich selbst beschimpfen? Wenn überhaupt, bringt es Sie kurz in Gang, aber mit einem sehr schalen Gefühl. Wenn Sie andere abwerten? Was passiert dann? Werden Mitarbeiter oder Kollegen besser, wenn Sie ihnen einen »Abwertungs-Einlauf« verpassen? Nein. Sie stärken niemanden und auch nicht sich selbst, wenn Sie sich entehren, Ihre Selbstachtung in Frage stellen und auf sich einprügeln. Es ist einfach nur Unsinn, Zeitverschwendung und Mangel an Respekt dem eigenen Leben und dem Leben insgesamt gegenüber. Etwas, das wir getrost im letzten Jahrhundert lassen dürfen. Akzeptieren Sie das nicht mehr. Es ist einfach nur MINDFUCK. Offenheit, bewertungsfreie Aufmerksamkeit, grundlegende Wertschätzung sich selbst und anderen gegenüber, hochfiligrane Wahrnehmungsfähigkeit und ein gesundes Urteilsvermögen warten hinter diesem MINDFUCK darauf, von Ihnen wiederentdeckt und gepflegt zu werden. Sie sehen dann die Vielfalt des Lebens im Job, die vielen unterschiedlichen Menschen und ihre Herangehensweisen. Und Sie erleben sich selbst endlich in der gesamten Bandbreite. Manche Dinge beherrschen Sie hervorragend, bei anderen haben Sie noch Luft, um zu lernen. Da wird es dann besonders spannend. Und wieder andere Dinge brauchen Sie gar nicht zu beherrschen, wenn Sie Ihr gesundes Urteilsvermögen einsetzen. Müssen Sie wirklich fünf Sprachen fließend sprechen, um Ihren Job gut zu machen? Müssen Sie sich wirklich mit BWL astrein auskennen, um Ihre Firma zu gründen? Das meiste, mit dem wir uns in Frage stellen, ist einfach nur Bewertungs-MINDFUCK. Das braucht niemand mehr.

4. *Druckmacher-MINDFUCK*

Diese Art von MINDFUCK ist so weit verbreitet, dass sie schon zu den Klassikern zählen darf: der Druckmacher, d. h. die Angewohnheit, uns selbst unter Druck zu setzen. Das Prinzip lautet: *Wenn du nicht funktionierst, passiert etwas Furchtbares!* Druck ist meistens eine Folge von Wenn-dann-Konstruktionen, die typisch für MINDFUCK sind. Wenn ich das nicht auf die Reihe kriege, dann kommt etwas ganz Übles auf mich zu. Hier drohen wir uns mit einer Katastrophe, belassen es aber nicht bei der Erzeugung von Angst, sondern zwingen uns zusätzlich Handlungsimpulse auf, die uns angeblich vor der schlimmen Folge bewahren sollen. Was passiert, wenn wir uns immer wieder unter Druck setzen? Wir gehen mit uns selbst um wie mit einem Leibeigenen. Wir knechten uns. Was wir verlieren, ist wiederum die Selbstachtung, das Selbstbewusstsein und unsere Freiheit, als erwachsener Mensch gut mit uns und anderen umzugehen. Für viele meiner Klienten ist die Arbeit so eng mit Knechten verbunden, dass sie mich zunächst verständnislos ansehen, wenn ich auf die üblen Auswirkungen des Druckmacher-MINDFUCKS aufmerksam mache. »Aber ich brauche halt einen bestimmten Druck, sonst geht nichts bei mir.« Wenn Sie das kennen, habe ich eine wirklich gute Nachricht für Sie: Es ist Zeit, die wunderbare, in ihrer Wirkung geradezu bahnbrechende Erfahrung zu machen, respektvoll, zeitgemäß und wirklich wirksam mit den eigenen Kräften und Fähigkeiten umzugehen. Die Überzeugung, sich noch wie zu Großvaters Zeiten knechten zu müssen, ist heute ungefähr so wirksam und zeitgemäß wie Rauchzeichen geben, statt mit dem Smartphone zu kommunizieren. Warum? Sie schaffen ein Ordnungssystem von Herrschaft und Knechtschaft in sich, das den tatsächlichen Anforderungen, die wir im Berufsleben des 21. Jahrhunderts haben, in keiner Weise mehr gerecht wird. Wir arbeiten heute, um gut zu leben, nicht mehr, um zu überleben. Niemand ist mehr das Eigentum oder der Untergebene eines anderen. Arbeitsverträge basieren auf Freiwilligkeit. Keiner von uns wird mehr mit Tod, Folter, Prügel oder dem Pranger bedroht. Es passt also nicht mehr in unsere Lebenswirklichkeit, wenn wir uns knechten. Aber da ist noch mehr, das wir beachten sollten: Weil das Tempo globaler Veränderung naturgemäß steigen und nicht abnehmen wird, brauchen wir schnellere, effektivere und damit störungsfreiere Formen der Zusammenarbeit. Und wir brauchen unsere ganze Lust und Kreativität bei der Arbeit. Wir alle müssen kreativer, produktiver und leichtgängiger arbeiten als unsere Vorfahren. Wir müssen aus Raddampfern Schnellboote machen. Wir dürfen uns selbst und andere nicht mehr schädigen und demotivieren. Und wir sind eingeladen, mit anderen störungsfrei zu kooperieren, gut zusammenzuarbeiten, gemeinsam zu entwickeln, zu entscheiden, uns gegenseitig Kraft zu geben und zu motivieren. In der alten Arbeitswelt, die über Jahrhunderte galt, ging es darum, dass die meisten Menschen für die Interessen und Privilegien einer schmalen Oberschicht schuften und sich selbst kaputt machen mussten. Schauen wir uns heute um: Gibt es sie noch, die Ritter und Herren auf den Burgen, für die wir schuften müssen? Das ist doch Unsinn! Es ist an der Zeit, aufzuwachen und mit dem Knechten aufzuhören. Zeit, chronischen Druck als das zu entlarven, was er ist: MINDFUCK. Damit werden Sie weder sich noch andere nachhaltig und lebenslang bis ins hohe Alter motivieren können. Druck ist eine, wenn wir so wollen, heillos veraltete soziale Motivationstechnik. Und hinter dem Druck warten die Fähigkeiten, die Sie als Mensch eigentlich haben. Und das bedeutet, seine eigenen Kraftreserven wahrzunehmen und Außergewöhnliches im eigenen Timing zu leisten. Wir alle sind eher eine Pflanze als eine Maschine. Das heißt, wir regenerieren uns selbst. Aber nur, wenn wir uns selbst die Regeneration zugestehen. Wenn wir uns wie eine Maschine behandeln, haben wir das Grundprinzip alles Lebendigen noch nicht verstanden. Es braucht bestimmte Ressourcen wie Wasser, Luft, Licht, Liebe, Essen, Trinken, Schlaf und Ruhe. Manchmal einfach Pausen, Abwechslung, einen Tapetenwechsel. Erstklassige Leistungen werden in diesem Jahrhundert von Menschen erbracht, die ihre Ressourcen, ihr eigenes Timing, ihre Leistungskurven und ihre Rekreationsbedürfnisse kennen und vor allem in der Lage sind, sie zu beachten. Dazu brauchen wir eine weitere Fähigkeit, die Erwachsene von Natur aus haben: die Fähigkeit, sich ernst zu nehmen. Und die eigenen Bedürfnisse wahr- und ebenso ernst zu nehmen. Dazu brauchen Menschen nicht nur eine blockadefreie innere Haltung, sondern auch Umfelder, die das möglich machen. Deshalb werden diejenigen Unternehmen im Wettbewerb die Nase vorne haben, die genau solche Umfelder ermöglichen. Falls Sie Unternehmer oder Führungskraft sind und jetzt Angst davor bekommen, dass jeder nur noch macht, was er will … keine Sorge! Wir werden uns noch genau ansehen, warum die Motivation und die Leistungsfähigkeit von Mitarbeitern enorm steigen, wenn ihr eigenes Timing und ihr individuelles Ressourcenbewusstsein gefördert werden. Potenzialentfaltung heißt auch, dass Menschen länger mehr leisten können und wollen. Denn dass Menschen unter Druck schlechter leisten, wissen wir bereits aus wissenschaftlichen Studien. Weil wir es aber im MINDFUCK-Modus noch nicht glauben und meinen, Druck und Disziplin seien unerlässlich für gute Leistungen, ignorieren wir das hochwertigste und aktuellste Wissen, das wir über uns und unsere Spezies in der Arbeitswelt bereits haben.* So ist längst bekannt,

* Mein Dank gilt an dieser Stelle der Arbeitspsychologin Ulrike Stilijanow, die mich auf diese eigenartige Inkongruenz hingewiesen hat.

dass zum Beispiel Regenerationszeiten während der Arbeitszeit und menschengerechte Projektplanungen zu messbar besseren Ergebnissen führen. Weil Manager jedoch – aus meiner Sicht aus MINDFUCK-Gründen – nicht daran glauben, machen wir weiter wie bisher und schädigen die Unternehmensziele, während wir die Arbeitskraft und Lebensfreude von Menschen verschwenden. Die Zeit für eine engagierte Umweltbewegung, die endlich den Menschen in den Mittelpunkt des Naturschutzes stellt, ist längst gekommen. Ich neige normalerweise nicht dazu, den Zeigefinger zu erheben. Aber das, was wir täglich am Arbeitsplatz mit uns und anderen machen, ist ebenso erschreckend wie unser Umgang mit dem Klima und mit anderen Lebewesen auf unserem Planeten. Warum sollten Menschen weniger Schutz genießen als z.B. Wanderfrösche in der Brunftzeit?

Gehen Sie für sich die Druckmechanismen durch, die Sie in der Regel aktivieren, um sich in Gang zu bringen oder zu Dingen zu zwingen, die Sie eigentlich nicht möchten, weil sie Sie nicht interessieren, langweilig sind oder nicht weiterbringen. Lassen Sie einfach sein, was nicht sein muss. Und seien Sie sehr kritisch: Was muss eigentlich wirklich sein? Was ist eine Extrarunde, die einfach nur Kraft kostet und wenig bringt? Was bringt Sie, Ihre Auftraggeber und Ihre Lebensqualität voran? Was nicht? Was gemacht werden muss, können Sie auch ohne Druck abschließen. Im eigenen Timing. Gelassen, erwachsen, ohne Drama. Erledigen Sie es einfach, und denken Sie darüber nach, wie Sie diese Aufgaben nach und nach losbekommen oder endlich menschenwürdige Abgabetermine, Unterstützung o.Ä. erhalten. Falls das nicht geht: entspannt für gute Stimmung und Wohlfühlen sorgen und ran an die Sache.

5. *Regel-MINDFUCK*

Wer im Job immer noch denkt, die Dinge gingen nur so und nicht anders, hat wahrscheinlich eine Menge mit Regel-MINDFUCK zu tun. Das Prinzip lautet: *Es gibt für alles klare Regeln. Halte dich an die Regeln, oder du wirst untergehen.* Vielleicht sind Sie der Meinung, man müsse mindestens zwei Jahre in einem Unternehmen aushalten, oder Sie denken, als Selbstständiger müssten Sie »selbst« und »ständig« arbeiten. Vielleicht haben Sie als Unternehmer den Eindruck, als Erster kommen und als Letzter gehen zu müssen. Vielleicht glauben Sie immer noch, dass es nur eine Art gibt, eine Sache zu erledigen. Regeln, nichts als Regeln. Manchen folgen wir bewusst, manchen unbewusst. Regeln dienen der Stabilität in Zeiten, in denen sich nichts ändern durfte, weil die Herrschaften etwas dagegen hatten. Deshalb war es gut und richtig, sich streng an Regeln zu halten. Aber heute? In einer Zeit, in der das einzig Stabile der Wandel ist, müssen wir jede Regel auf den Prüfstand stellen, denn sie könnte das größte Hindernis für echten Wandel sein. In Ihrem Berufsleben tötet Regel-MINDFUCK das, was das Leben und Arbeiten eigentlich interessant und spannend macht: Ihre Phantasie und Kreativität. Das ist es auch, was hinter dem Regel-MINDFUCK darauf wartet, endlich wieder freigelegt und gelebt zu werden. Das heißt nicht, dass wir alle Regeln der Kunst hinter uns lassen und freudig vor uns hin dilettieren sollten. Es heißt aber sehr wohl, dass wir Regeln, die uns einschränken und unsere eigentlichen Ziele und Motivationen behindern, ernsthaft in Frage stellen. Wir sollten uns dann fragen: Wie könnte es noch gehen? Wie könnte ich es anders machen? Finden Sie andere Wege zu Ihrem Ziel als den altbekannten, und Sie werden eine völlig neue Form von Wirksamkeit, Erfolg und Spaß bei der Sache entwickeln.

Regel-MINDFUCK zu erkennen ist oft gar nicht so leicht. Wir stecken so tief im selbstgezimmerten Korsett, dass uns oft gar nicht auffällt, wie sehr es uns täglich die Luft abschnürt. Je öfter Sie »Man muss« sagen, desto mehr haben Sie damit zu tun. Je öfter Sie den Eindruck haben, man müsse etwas »so und nicht anders machen«, desto stärker neigen Sie zur Einschränkung Ihrer Kreativität. Besonders belastend sind chronische Regeln, die Sie auf sich als Person beziehen. Das klingt dann zum Beispiel so: »Immer wenn ich einmal etwas für mich tun möchte, schädige ich jemand anderen damit.« Oder: »Wenn ich mich durchsetzen will, muss ich laut werden.« Oder: »Immer wenn mir etwas wirklich wichtig ist, klappt es sowieso nicht.« Diese Form von destruktiven Regeln sind bereits nah am Misstrauens-MINDFUCK, den wir uns noch genauer ansehen werden. Wenn Sie mit Regel-MINDFUCK zu tun haben sollten, ist es wichtig, die Regeln, mit denen Sie sich blockieren, genau zu benennen. Schreiben Sie diese auf, egal wie verrückt sie klingen. Es ist ja nur MINDFUCK. Jetzt können Sie sich fragen, wie Sie über die Sache wirklich denken, wenn Sie all Ihre Phantasie und Kreativität spielen lassen. Welche Möglichkeiten gibt es dann noch? Zum Beispiel, an Geld für die Selbstständigkeit zu kommen? Zum Beispiel, die richtigen Kontakte im Konzern zu knüpfen? Zum Beispiel, um mit seiner Bewerbung wirklich auf dem Tisch der Entscheider zu landen? Zum Beispiel, seine Kunden im Internet zu erreichen? Geld zu verdienen? Produkte zu entwickeln? Menschen im eigenen Unternehmen wirklich zu erreichen? Die alten Regeln und Pfade haben Sie dahin gebracht, wo Sie heute sind. Wenn Sie weiterkommen wollen, brauchen Sie neue Ideen.

6. *Misstrauens-MINDFUCK*
Viele Menschen haben sich so sehr daran gewöhnt, sich nichts zuzutrauen, dass sie glauben, dies sei Teil ihrer wahren Persönlichkeit. Sie haben keine allzu hohe Meinung von sich, ihren Fähigkeiten und ihren Möglichkeiten im Leben. Das Prinzip lautet: *Misstraue dir! Du bist nicht vertrauenswürdig.* Dieses Prinzip ist die Mutter aller Selbstzweifel. Immer dann, wenn Sie schlecht über sich selbst denken und sich Möglichkeiten absprechen, sind Sie im Modus des Misstrauens-MINDFUCK. Dabei ist das nichts weiter als eine Blockade, hinter der der Mensch wartet, der Sie eigentlich sind. Ein Mensch, der sich etwas zutrauen kann, einfach weil er ein Mensch und damit immer lern-, wachstums- und entfaltungsfähig ist. Egal, wie Sie sich bisher selbst eingeschränkt und zurechtgestutzt haben, Sie haben noch eine Menge mehr PS unter der Haube, und manchmal wissen Sie das auch! »Schaffe ich das?«, »Bin ich das?«, »Kann ich das?« Ich höre diese zweifelnden Fragen so oft von meinen Klienten, dass es manchmal schon fast zum Verzweifeln ist. Eine Frau, die, bestens ausgebildet, dabei war, eine Chance auszuschlagen, auf die sie lange hingearbeitet hatte, unterbrach ich einmal provokant bei ihrer Litanei: »Wollen Sie das weiterhin denken? Wollen Sie sich weiter in Frage stellen? Haben Sie da wirklich noch – Entschuldigung, dass ausgerechnet ich das sage – Bock drauf?« Sich selbst dauernd zu misstrauen, mag unter züchtigen Bürgermädchen des 19. Jahrhunderts einen guten Eindruck gemacht haben. Aber heute? Wer will das noch hören? Wer hat Lust auf Kolleginnen und Kollegen, auf Mitarbeiter, auf Chefs oder Dienst-

leister, die sich immer und dauernd selbst misstrauen? Denen andere sagen müssen: »Trau dir doch was zu!« Was soll diese Unterwerfungsgeste an das Leben in einer Welt freier Erwachsener? Meine Klientin war baff. »Was soll ich denn dagegen machen, es ist nun mal so«, jammerte sie. Ich gab ihr, ganz entgegen den Gewohnheiten eines Coachs, einen Tipp von Frau zu Frau: »Wie wäre es, wenn Sie aufhören würden, sich selbst mit diesen Denkmustern jeden Tag selbst zu entehren? Wenn Sie stattdessen anfangen würden, sich ernst zu nehmen? Sich und Ihre Leistungen, Anstrengungen, alles, was Sie sich schon erarbeitet und erreicht haben? Ich sehe hier eine gestandene Frau mit beeindruckenden Fähigkeiten. Hier ist weit und breit kein kleines Mädchen, das Grund hätte, sich selbst vor gefährlicher Selbstüberschätzung zu warnen.« Ich wiederhole mich gern: Hinter dem Misstrauen wartet der Mensch, der Sie wirklich sind. Ein Mensch, der sich eine Menge zutrauen kann, der Vertrauen in sich, das Leben und seine Lernfähigkeit im Job hat. Statt »Schaff ich das?« fragt sich dieser Mensch, der Sie eigentlich sind, »*Wie* kann ich es schaffen? *Wie* könnte es gehen? *Was* ist das Spannende daran?« Neugierde und Vertrauen darauf, eine spannende Erfahrung zu machen, ist weitaus wachstumsfördernder als das Misstrauens- und Selbstinfragestellungs-Blabla, das wir einmal gelernt oder uns einfach nur angewöhnt haben. Jede Art von MINDFUCK ist mentales Junk-Food. Es kann sich kurzfristig sogar gut anfühlen, weil es uns vor dem wahren Leben bewahrt und uns so vertraut ist. Ach, es war doch auch gemütlich im kleinen, engen Leben! Doch in Wirklichkeit hält es uns von unserer eigentlichen Selbstwirksamkeit ab. Von allem, was ein großes, spannendes, intensives und wirklich gutes erwachsenes Leben heute im Job bereithält. Der

MINDFUCK-Junk aber macht uns innerlich krank und schwerfällig. Vor allem, wenn wir uns selbst misstrauen. Der Misstrauens-MINDFUCK gehört, wie Sie vielleicht schon ahnen, zu den ganz besonders üblen Angewohnheiten, weil er uns oft auch anderen gegenüber so vertraut ist. Wer sich selbst misstraut, traut meist auch anderen nicht über den Weg. Wir interpretieren dann das Verhalten von Kollegen, Chefs oder Mitarbeitern falsch. Wir unterstellen böse Absichten, Dummheit, Unfähigkeit oder Faulheit. Fehlanzeige. Anderen diesen Mistkübel über den Kopf zu schütten, ist ebenso schädlich für unsere berufliche Potenzialentfaltung wie Misstrauen uns selbst gegenüber. Warum? Weil wir unsere Kooperationsfähigkeit und damit unsere Schlüsselfähigkeit im Arbeitsleben des 21. Jahrhunderts blockieren, wenn nicht sogar zerstören. Es ist wichtig, dass Sie kollegial und unkompliziert mit anderen zusammenarbeiten können. Führungskräften lege ich diese Sache besonders ans Herz, weil es bei Führungsproblemen sehr häufig um Misstrauen geht. Wenn Sie anfangen, Ihren Mitarbeitern zu misstrauen, hat niemand im Team mehr eine Chance. Am wenigsten Sie selbst. Sie bezahlen Ihr Verhalten mit demotivierten Leuten, mit wirklich schlechten Erfahrungen und vielleicht auch mit schlaflosen Nächten. Das Thema ist im Arbeitsleben so wichtig, dass wir uns an anderer Stelle noch ausführlicher damit beschäftigen werden. Gehen wir zuvor noch einmal zurück zu den Wachstumsimpulsen, die eigentlich dran sind, wenn wir misstrauen. Dann finden wir: Offenheit, Neugierde, auf andere zugehen und die Frage, was wohl interessant, spannend, hilfreich und gut an der Begegnung mit einem anderen Menschen sein wird. Wir schenken zunächst Vertrauen, das heißt, wir unterstellen gute

Absichten. Und wenn wir wirklich enttäuscht werden, prüfen wir genau, ob wir eine falsche Erwartung hatten (möglicherweise aus MINDFUCK-Gründen) oder ob es wirklich Anlass zur Vorsicht gibt. Unser gesundes Urteilsvermögen als selbstwirksamer erwachsener Mensch wird uns helfen, MINDFUCK-Szenarien von der Realität zu unterscheiden.

7. *Übermotivations-MINDFUCK*

Himmelhoch jauchzend, zu Tode betrübt. Wenn Sie das im Arbeitsleben häufig erleben, ist der Übermotivations-MINDFUCK ein bekanntes Denkmuster für Sie. Das Prinzip lautet: *Was richtig ist, muss Euphorie bringen.* Zuerst sind wir ganz begeistert von einem Job, einer Aufgabe, einer Idee, einem Kollegen, einem neuen Mitarbeiter oder einem Chef. Das ist es! Die Rettung! Das ist der Himmel auf Erden! Und dann? Kommt unweigerlich die Enttäuschung, und wir denken: »Doch nicht das Richtige. Doch kein Halbgott, sondern nur ein Mensch.« Es funktioniert eigentlich ganz einfach: Sie legen, ähnlich wie beim Bewertungs-MINDFUCK, Idealmaßstäbe an eine Sache. Nur diesmal in umgekehrter Richtung. Sie projizieren Fehlerlosigkeit und höchstes Glückversprechen in das Neue. Und lassen sich dann automatisch von der Realität enttäuschen, im wahrsten Sinn des Wortes. Dann müssen Sie wieder vom Sockel holen, was Sie vorher hinaufgestellt haben. Übermotivation hat eine Menge mit naiven, kindlichen Erwartungen zu tun. Diktatoren, autoritäre oder charakterlich unreife oder unsichere Chefs verlangen diese Haltung von ihren Untergebenen. Denn alle drei haben ein Problem mit der Realität. Jede Art von differenziertem Denken und vielfältigen Gefühlslagen, die nun einmal zum Menschsein im wahren Leben dazugehören, ist dann verdächtig. Ist der Mitarbeiter nicht bei der Sache? Ist er nicht richtig motiviert? Denkt er vielleicht sogar falsch? Muss er vielleicht mal »gecoacht« werden? Es ist ein schweres Los, wenn man sich nur dann sicher fühlt, wenn die Menschen in der eigenen Umgebung in euphorischen Zuständen sind. Und übrigens hat echtes Coaching nichts damit zu tun.

Vielleicht verlangen Sie sogar von sich, andere immer wieder in den Übermotivations-MINDFUCK bringen zu müssen. Sie denken, andere sind nur dann zufrieden und motiviert, wenn Sie Euphorie in ihnen auslösen. Wie oft habe ich mit Vertriebsmanagern gearbeitet, die unbedingt »dieses Leuchten in den Augen« ihrer Leute sehen wollen. Und wenn es nicht kommt? Oder nach kurzer Zeit wie ein Strohfeuer verloschen ist? Es folgen Depression oder Aggression: »Das sind doch alles Würstchen. Die haben noch nicht verstanden, wie genial dieses Produkt ist …« Die Folge ist, dass sie sich und andere dafür abwerten, dass nicht mehr alle hurra schreien. Wie aber sieht echte, menschliche Motivation aus – jenseits des Hypes? Menschen, die wirklich von innen heraus motiviert sind, wirken erstaunlich ruhig und dafür sehr kraftvoll und entschieden. Neue, möglicherweise beunruhigende Informationen hauen sie nicht um, sondern lassen sie kreativ werden. »Wir erreichen unsere Kunden nicht so, wie wir es uns vorgestellt haben? Lassen Sie uns das besser verstehen und neue Wege suchen. Lassen Sie uns offen, neugierig und kreativ vorgehen.« Das ist Motivation für Erwachsene. Von oben herab todsichere Strategien zu versprechen und Kadavergehorsam mit Begeisterungspflicht einzufordern, ist dagegen Müll von gestern. Überlassen wir das sterbenden Branchen, überholten Unternehmen oder den Diktaturen dieser Welt, die damit ohnehin nur ihren schleichenden Tod verschleiern wollen. Leben sieht anders aus. Wir dürfen uns selbst und andere ernst nehmen. Wir dürfen auch einmal skeptisch sein und genauer nachfragen. Wir müssen nicht auf alles, was uns angeboten wird oder was wir selbst machen wollen, mit Euphorie reagieren, um es wirklich anzugehen. Ganz im Gegenteil. Echte, kraftvolle Motivation vereint Herz und Verstand. Sie dürfen offen sein, genau hinschauen und sich auf die Sache wirklich konzentrieren. Schauen Sie sich einmal einen Tennisspieler an, der auf den Aufschlag des Gegners wartet. Er ist ruhig, konzentriert und gleichzeitig in höchster, flexibler Spannkraft. Er konzentriert sich voll und ist dabei ungeheuer offen für jeden Eindruck, für jede neue Information. Nur wenn er offen ist, entgeht ihm nichts, und er kann richtig reagieren. Motivation über Euphorie brauchen Sie nur, wenn Sie sich auf ein Himmelfahrtskommando einlassen. So hat man im 18. Jahrhundert beim Militär diejenigen motiviert, die als das berühmte Kanonenfutter vorangehen mussten. Man hat sie angefeuert, Lieder singen lassen und gleichzeitig mit sofortiger Erschießung gedroht, falls sie die Idee gehabt hätten, auszubüxen. Sie können sich denken, was ich Ihnen rate: Hören Sie auf damit. Verlangen Sie nicht von sich oder anderen, hirnloses Kanonenfutter zu sein. Respektieren Sie sich, Ihren Verstand, die Dinge, für die Sie sich wirklich interessieren und begeistern können, und lassen Sie sein, was Sie davon wegbringt. Wenn Sie immer wieder auf der Suche nach dem Kick und der endgültigen Wahrheit sind, geben Sie wahrscheinlich etwas auf, worin Sie schon gut investiert haben. Schnell die Lust zu verlieren und dann immer neue und andere Ideen einzufordern, sind ein Zeichen von Übermotivation. Wenn Sie zuerst begeistert und dann wieder völlig desinteressiert sind, ist das nicht unbedingt Zeichen eines unglaublich breiten Interessensspektrums, sondern eher davon, dass Sie Dinge fallenlassen, sobald Gewöhnung, erste echte Herausforderungen und damit kein Kick mehr auf Sie warten.

Was hinter dem Übermotivations-MINDFUCK wartet, ist schlicht und einfach unsere unfassbar geniale menschliche Natur: unser nicht versiegendes Interesse, unsere natürliche Neugierde und unsere Bereitschaft, wirklich etwas zu tun für die Dinge, die uns interessieren und überzeugen. Dazu muss uns niemand peitschen oder anfeuern. Wir motivieren uns ganz von selbst. Ist jede Form von Euphorie immer gleich Teufelszeug? Das hat mich einmal ein Manager gefragt. Sie ist ganz sicher nicht verboten. Euphorie kann genau richtig sein. Die Frage ist nur: wann? Natürlicherweise erleben wir Euphorie *nach* einer außergewöhnlichen Leistung. Wir sehen das, wenn Fußballer ein Tor geschossen haben. Die enorme Konzentration entlädt sich in euphorischer Freude. Kurz danach aber finden die Profis sofort wieder zu ihrer Konzentration zurück. Sie wissen, dass das Spielglück sonst allzu schnell kippen könnte. Euphorie von sich und anderen als Dauerzustand zu erwarten, ist wie ein ständiger Torjubel, bevor der Ball überhaupt im Kasten ist. Und was denken Sie, wie wahrscheinlich es ist, ihn richtig zu plazieren, wenn Sie innerlich total aus dem Häuschen sind? Blicken wir hinter die Übermotivation, entdecken wir unser Potenzial: hellwach, offen, neugierig und bei klarem Verstand in der Arbeitswelt zu agieren. Wir stellen uns gute Fragen und suchen mit hoher Sensibilität gute Antworten. Die Fragestellung ist: »*Was* daran interessiert mich? *Warum* lohnt es sich?« Wenn Sie sich das als Erwachsener ernsthaft beantworten können, wissen Sie von selbst, ob Sie für die Sache eine echte Motivation aufbringen oder lediglich einem Kick folgen. Auf sich oder andere Menschen bezogen, lautet die Fragestellung: »Was an ihm oder ihr interessiert mich?« Fragen wie diese eröffnen uns ein grandioses Feld persönlicher Wirksamkeit, ernsthaften, weil durchdachten Durchhaltevermögens und damit die Fähigkeit, auch große Träume zu verwirklichen. Die Sehnsucht nach dem großen Traum, die hinter der Übermotivation steckt, wird deshalb tatsächlich erfüllt, wenn wir in einer Haltung wacher Konzentration und Offenheit durch sie hindurch zu unserer wahren Kreativität und Schaffenskraft finden. Das lohnt sich doch, oder?

Sie haben nun die sieben Denkmuster kennengelernt und vielleicht schon jene herausgefunden, mit denen Sie sich besonders häufig blockieren. Sie wissen auch: Diese Blockaden sind Schnee von gestern, den Sie wirklich nicht mehr brauchen. Erfahrungsgemäß ist es nicht nur ein einzelnes Denkmuster, mit dem wir uns stören. Es sind mehrere, manchmal sogar alle zusammen in verschiedenen Reihenfolgen. Bei sieben MINDFUCKS gibt es mehr als 800000 Kombinationsmöglichkeiten, genau genommen können bei einer Blockade MINDFUCKS des gleichen Typs mehrfach aufeinander folgen, und dann kommen wir auf eine unendliche Zahl von Kombinationsmöglichkeiten. Wir können darüber geschockt sein. Aber auch fasziniert: Wenn wir uns im Blockademodus vor neuen Erfahrungen »beschützen« wollen, lassen wir Menschen, wir unendlich kreativen und hochintelligenten Wesen, uns eine Menge einfallen. Bevor Sie sich Ihre persönlichen Codes ansehen und diese knacken, sollten Sie aber vollständige Kenntnis darüber haben, was genau passiert, wenn Sie sich selbst blockieren. Neben den sieben Überzeugungsmustern werden Sie noch erleben, dass MINDFUCKS oft eine ganz bestimmte Sprache und Logik besitzen. Diese zu erkennen, löst einen einzigartigen Wechsel in Ihrem Selbstgefühl aus. Diesen Wechsel in Ihrem Selbstgefühl wiederum nenne ich den »inneren Haltungswechsel«. Er ist gemeinsam mit der Entschlüsselung Ihrer persönlichen Blockadecodes der Dreh- und Angelpunkt Ihres ganz persönlichen Entfaltungsprozesses.

Die Sprache der Selbstsabotage erkennen

Allen MINDFUCKS gemeinsam ist eine besondere Art von Sprache. Wir sabotieren uns, indem wir eine bestimmte Art von Selbstgesprächen führen. Typisch für das, was wir dann denken, sind bestimmte Satzkonstruktionen, zum Beispiel Wenn-dann-Abhängigkeiten.

Hier ein paar Klassiker: »Wenn ich diesen Umsatz bis Ende des Monats nicht geschafft habe, bin ich erledigt«, »Wenn er/sie das noch einmal zu mir sagt, dann raste ich aus«, »Wenn ich richtig gut verdiene, wird mich keiner mehr mögen«. Sehr beliebt ist im MINDFUCK-Modus auch das Entweder-oder-Konstrukt: »Entweder ich werde von selbst auf die Position angesprochen, oder ich habe eh keine Chance«, »Entweder er/sie oder ich«, »Entweder ich kann das auf Anhieb, oder es funktioniert eh nicht«. Auffällig ist auch, dass wir oft in der Du-Form mit uns sprechen, wenn wir uns selbst blockieren. »Das mit der Gehaltserhöhung kannst du eh vergessen«, »Wenn du jetzt nicht in die Gänge kommst, wirst du schon sehen, was du davon hast«, »Wenn du diesen Job verlierst, ist alles aus«.

Die Logik der Selbstsabotage verstehen

Wenn wir alle sieben Überzeugungsmuster zusammen betrachten, wird überdeutlich, dass es sich um eine brutale Logik handelt. Wir beschimpfen uns, jagen uns Angst ein, setzen uns unter Druck, werten uns ab, misstrauen uns selbst und anderen, fordern uns auf, uns kleinzumachen, oder peitschen uns mit Illusionen auf. Sie werden zu einem späteren Zeitpunkt in diesem Buch noch ein tieferes Verständnis von der Herkunft und der Funktion dieser Logik erhalten. Für jetzt ist vor allem wichtig, dass Sie sie erkennen, wenn Sie sich selbst damit traktieren. Kein Wunder, dass das, was wir zu uns sagen, wenn wir uns blockieren, häufig richtig schlechte Gefühle auslöst. Es ist sogar das eigentliche Geheimnis wirkungsvoller Selbstsabotage. Um uns zu Dingen zu bewegen, die wir eigentlich nicht wollen oder die fatale Lähmungszustände in uns hervorrufen, brauchen wir eine starke emotionale Dosis. Sehen wir uns das näher an, um weiter Licht ins Dunkel dieser eigenartigen Vorgänge zu bringen.

Abrutschen ins Kind- und Eltern-Ich

Wenn Sie das nun folgende Prinzip nicht nur verstehen, sondern auch emotional durchdringen, werden Sie sich in allen Situationen im Leben, die Ihnen eigenartig erscheinen, leichter tun. Sie werden verstehen und spüren, was mit Ihnen oder anderen passiert, wenn die Dinge einmal nicht so laufen, wie sie sollten. Egal, welche der sieben MINDFUCK-Arten gerade in Aktion sind: Immer dann, wenn wir uns selbst sabotieren, geraten wir in innere Zustände, in denen wir nicht mehr in der Realität unseres Erwachsenenlebens sind. Wir rutschen in etwas ab, das wie eine schlechte Szene aus einem sehr verzweifelten Familiendrama wirkt: in Kind-Ich- und Eltern-Ich-Zustände. Wir wechseln zwischen extremen Gefühlen wie Ohnmacht, Trotz, Besserwisserei, Abwertung, Vergötterung, Bestrafung und falscher Überfürsorge uns selbst gegenüber hin und her. Diese Beobachtung ist ganz zentral, wenn Sie Selbstblockaden überwinden und Ihr volles berufliches Potenzial entfalten wollen. In dem Moment, in dem Sie sich selbst blockieren, verlieren Sie innerlich die Ebene des Erwachsenen, der Sie eigentlich sind. Sie verlieren damit Stabilität und vor allem jegliche Orientierung in der Realität. Sie halten sich dann in einer selbstfabrizierten Parallelwelt auf, aber nicht mehr im Hier und Jetzt. Sie tanzen mental Unterwasserballett. Leider passiert genau das täglich in unser aller Leben. Überall dort, wo wir Menschen begegnen, wird allzu oft emotionales Unterwasserballett getanzt.

Das Coaching-Dreieck*

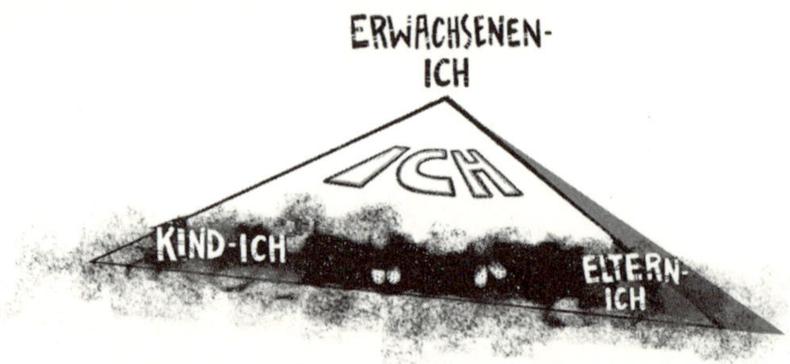

Beobachten Sie sich, wenn Sie MINDFUCK-Gedanken haben. Wie fühlen Sie sich, wenn Sie sich zum Beispiel selbst

* Die Aufteilung in Kind-Ich, Eltern-Ich und Erwachsenen-Ich stammt ursprünglich aus der Transaktionsanalyse, wird dort aber in einem anderen Sinne verwendet und interpretiert. Nach meinem Verständnis geht es im Coaching ausschließlich um die Förderung und die Arbeit mit dem, was ich den »Inneren Erwachsenen« nenne. Als Coach arbeite ich mit psychisch gesunden Erwachsenen an Themen, die ihre erwachsene Selbstwirksamkeit erfordern. Grundlage dafür ist ein stark modernisiertes Verständnis davon, was es heißt, in der Haltung des Erwachsenen zu sein. Im Gegensatz zu früheren Modellen anderer Schulen ist erwachsen sein nicht gleichbedeutend mit rational sein. Rationalität ist nur eine Möglichkeit, die erwachsenen Menschen heute zur Verfügung steht. Es geht aus meiner Sicht jedoch um die Fähigkeit der verantwortlichen Selbst- und Weltreflexion, der Folgenabschätzung eigenen Handelns, einer inneren Balance und der Fähigkeit zur Selbstwirksamkeit, die ebenso rationale wie emotionale Anteile hat.

beschimpfen, unter Druck setzen oder Angst einjagen? Wie geht es Ihnen dabei? Was passiert da genau? Achtung: Sie werden feststellen, dass es zwei parallel verlaufende Wahrnehmungen gibt. Aus der Sicht der Stimme, mit der Sie innerlich auf sich einschlagen, werden Sie sich wahrscheinlich wütend, stark und im Recht fühlen. Und auf der anderen Seite ganz klein, elend und machtlos. Unwürdig. Möglicherweise denken Sie aus der Perspektive dieser Seite, Schmerz und Abwertung verdient zu haben. Faszinierend ist: Die »beschimpfte« Seite ist die, mit der wir uns wirklich identifizieren. Wir denken, der- oder diejenige zu sein, der oder die ihr Fett abbekommt. Und gleichzeitig fühlen wir die Macht und die Stärke der Stimme, mit der wir auf uns einschlagen. Wir erleben uns mit einem Anteil, den wir nicht als unser Selbst empfinden und der trotzdem nichts anderes ist als ein Teil von uns selbst. Timothy Gallwey, der als Vater des modernen Coachings gilt und sich als Erster mit dem Phänomen des inneren Dialogs in Leistungssituationen beschäftigt hat, hat den zweigeteilten Persönlichkeitshaushalt in unserem Inneren als Selbst 2 (unser wahres Ich) und als Selbst 1 (die fremde Stimme in uns, mit der wir uns beschimpfen, motivieren etc.) bezeichnet. Dabei hat er aber ganz bewusst, wie er selbst einmal sagte, nicht weiter verfolgt, nach welcher Systematik diese fremde Stimme in uns funktioniert und mit welchen fatalen Haltungswechseln das einhergeht: nämlich einer Regression des inneren Dialogs in einen Eltern-Kind-Dialog. Wir gehen dann mit uns nicht mehr wie mit einem gestandenen Erwachsenen, sondern wie mit einem Kind um. Niemand muss in die Tiefen der Psychologie einsteigen, um das zu verstehen. Menschen nicken sofort und wissen, was ich meine, wenn ich ihnen das Coaching-Dreieck vorstelle. In so gut wie jedem Konflikt, sei er innerlich oder äußerlich, fallen wir Menschen auf einen der beiden Eckpunkte auf der unteren Ebene zurück. Meist wechseln wir hin und her, oft sogar blitzschnell. Wir beschimpfen uns, dann fühlen wir uns hilflos und klein, dann muntern wir uns wieder auf, dann werden wir wieder trotzig. Und das innere Spiel beginnt von neuem.

Die folgenden drei Beispiele sollen Ihnen helfen, das, was innerlich mit uns passiert, genau zu beobachten und bei sich selbst und anderen sicherer wiederzuerkennen.

»Aufschieberitis« mit anderen Augen betrachtet

Anne schiebt seit mehreren Wochen einen Bericht für ihre Chefin vor sich her, den sie längst fertighaben möchte. Immer wenn Anne daran denkt, endlich diesen »verdammten Bericht« zu schreiben, merkt sie, wie wenig Lust sie darauf hat. »Keinen Bock«, sagt sie sich und beschäftigt sich mit etwas anderem. Trotziges Kind-Ich. Eine Stimme in ihr fängt an, sie zu piesacken: »Jetzt mach das endlich fertig. Was stellst du dich eigentlich so an?« Ganz klar: Eltern-Ich. Doch je dringlicher diese Seite in ihr spricht, desto bockiger wird Anne. »Ach nee ... nicht jetzt.« Sie surft dann lieber im Internet, spielt auf ihrem Smartphone herum oder ruft eine Freundin an. Der Bericht und das schlechte Gewissen haben sich nun schon zu einer fast unlösbaren Aufgabe aufgetürmt. »Das schaff ich eh nicht mehr«, sagt sich Anne resigniert. Hilfloses Kind-Ich. In ihrer Phantasie führt sie weiter, was passiert, wenn sie den Bericht nicht fertigschreibt. »Die Chefin wird dich fragen, und du hast nichts vorzuweisen. Du verpatzt dir alles. Machst dir deine Karriere kaputt wegen dieses blöden Berichts.« Katastrophen-MINDFUCK und warnendes, strafendes Eltern-Ich. Das Gefühl, das dann in ihr hochkommt, ist so unangenehm, dass Anne schnell Ablenkung sucht. Sie optimiert ihre Adresslisten, beschäftigt sich mit dem Angebot eines neuen Fitnessstudios, das sie unbedingt ausprobieren möchte. All das gibt ihr das gute Gefühl, doch etwas zu tun, ohne den Bericht machen zu müssen. Wir sehen die faszinierende Form des nur scheinbar angepassten Kind-Ichs. Anne ist also über viele verschiedene MINDFUCKS verstrickt in ihren inneren Kind-Eltern-Ich-Dialog. Die eigentlich lösbare Aufgabe, die nur die erwachsene Anne ohne MINDFUCKS angehen kann, kommt nicht voran. Stattdessen entsteht ein Pendeln zwischen Angst, Lustlosigkeit und Trotz. Die Ablenkung mit anderen Aufgaben löst das Problem nicht, sondern gibt Anne den falschen Schein von Selbstwirksamkeit, der in der dringenden Aufgabe, den Bericht zu schreiben, nicht sichtbar wird. Als ich Anne frage, ob sie meint, den Bericht je fertigzubekommen, sagt sie: »Ja, schon. Aber vielleicht brauche ich dazu noch den ›Anschiss‹ meiner Chefin.« Sie lächelt. »Ganz schön peinlich, oder?« Eigentlich schon. Denn mit der Professionalität, mit der sie ihren Job sonst macht, hat dieses unproduktive Herumtänzeln nicht viel zu tun. Es bindet wertvolle Energie, gibt ihr immer wieder schlechte Gefühle und gefährdet tatsächlich auf Dauer ihr Standing im Beruf. Am schwersten aber wiegt, dass sie, je länger sie dieses selbstgemachte Spiel toleriert, in irgendeinem Winkel ihres Denkens sich selbst nicht mehr ernst nimmt. »Ich brauche halt doch noch eine Mutti oder einen Vati, die mir sagen, was ich tun soll. Obwohl ich genau das immer gehasst habe.« Bewertung und Misstrauen am Ende einer Kette von Selbstblockaden. Anne hat an diesem Punkt resigniert. Zum Glück lässt sich das umkehren.

Eingangs hatte ich bereits das Phänomen der Aufschieberitis, das ich zu den scheinbar sinnlos selbstschädigenden Verhaltensweisen zähle, als unbewussten Akt des Widerstands bezeichnet. Ich gehe nach den vielen Erfahrungen mit diesem Phänomen davon aus, dass die meisten Menschen, die sich mit diesem Verhalten selbst sabotieren, eigentlich ein sehr rigides Leistungsideal vertreten, gegen das sie sich dann scheinbar irrational wehren. Wenn ich sogenannte Prokrastinierer frage, wie sie sich verhalten müssten, wenn sie sich nicht selbst sabotierten, antworten sie meist wie folgt: »Dann würde ich früh aufstehen, sofort an den komplett aufgeräumten Schreibtisch gehen und alle Dinge unmittelbar erledigen. Das alles am besten bis zum Abend, ohne jeden Fehler und dabei immer nett und freundlich zu allen sein.« Das ist ein Idealbild reibungslos funktionierender Selbstwirksamkeit, das man theoretisch von Robotern, keinesfalls aber von Menschen durchgehend erwarten darf. So zu funktionieren passt nicht zu einem lebendigen, fühlenden, atmenden und denkenden Wesen. Verabschieden Sie sich von dieser Horrorvorstellung, und überlegen Sie sich, wie ein wunderbarer Arbeitstag, an dem Sie gern Phantastisches leisten, wirklich aussehen muss, um Sie auch in vielen Jahren oder in höherem Alter noch glücklich zu machen.

Mit Menschen, die gern Dinge aufschieben, erarbeite ich immer zuerst eine balancierte Haltung zu ihren Leistungsanforderungen an sich selbst. Es ist für jeden von uns wichtig, dass der Leitstern nachhaltiger Leistung nicht Perfektion, sondern Lebensqualität ist. Fragen Sie sich deshalb immer, wie Sie etwas so erreichen können, dass Sie dabei *gleichzeitig* auch eine hohe Lebensqualität erleben. Welche Umgebung brauchen Sie? Welche Pausen? Was wollen Sie alleine erledigen? Wozu wäre ein Austausch mit anderen besser? Vielleicht nur wenige Stunden am Stück bei einer Sache bleiben und sich dann eine dicke Portion Abwechslung gönnen? Sport, Bewegung, ein gutes Gespräch? Ein paar Schritte um den Block? Eine Runde im Schwimmbad? Vielleicht auch einfach mal früher Feierabend machen? Viele kleine Dinge, auf die Sie sich freuen? Vielleicht regt sich jetzt Widerstand beim einen oder anderen. »Sonst noch Wünsche? In welcher

Welt lebt diese Frau?«, mögen Sie mich jetzt fragen. Aber genau darauf kommt es an, wenn Sie im Job langfristig und nachhaltig glücklich und erfolgreich sein wollen. Das Leben muss währenddessen Spaß machen und nicht erst hinterher. Und dazwischen auch! Zum Glück gibt es immer mehr Unternehmen und immer mehr Vorgesetzte, denen nachhaltige Arbeitsfreude und ein konstant erfreulicher Leistungspegel lieber sind als rigide Regeln, die nicht die Produktivität, sondern höchstens die Kontrollbedürfnisse einer Organisation bedienen. Sicherlich bedeutet das einen tiefgreifenden Kulturwandel in vielen Köpfen und Arbeitsstätten. Aber immer einen zum erheblich Besseren. Selbst wenn Sie den Eindruck haben, von zweibeinigen Maschinen im Job umgeben zu sein, rate ich Ihnen, Ihre eigenen Experimente zu machen. Sie werden sehen, dass mögliche Tendenzen, Dinge aufzuschieben, erheblich kleiner werden, wenn Sie eine neue, humanere Einstellung zu Ihrer eigenen Arbeitsethik vertreten.

Die zweite Art von Widerstand bei chronischer Aufschiebeeritis ist häufig eine noch nicht bewusste Angst vor einem erfolgreichen Leben als tatsächlich erwachsener, wirksamer Mensch. Wir bleiben dann lieber in der trotzigen Kind-Ich-Haltung, als die Freuden, aber auch die Realitätserfahrungen des erwachsenen Menschen, der wir eigentlich sind, zu erleben. Manche flüchten in den geheimen Wunsch, von einem anderen Menschen befreit oder gerettet und ernährt zu werden. Sie fühlen sich versklavt im eigenen Leben und sehen keine Alternative als einen inneren Rückfall in die Hilflosigkeit und in Trotz. Menschen, die mit dieser Blockade kämpfen, haben häufig ein sehr negatives Bild davon, was es heißt, als erwachsener Mensch selbstwirksam und selbstverantwortlich zu arbeiten. Viele von ihnen kommen aus Familien, in denen Selbstausbeutung selbstverständlich und Erwachsensein und Arbeiten ein Synonym für den berühmten Ernst des Lebens war. Aufschieberitis und chronische berufliche Selbstblockade sind aus dieser Sicht sogar eine sehr verständliche Option des passiven Widerstands gegen eine Zukunft, die einfach nicht attraktiv erscheint und es auch nicht ist. Ich arbeite dann mit meinen Klienten an einer wirklich attraktiven Perspektive eines rundum erfüllten erwachsenen Lebens, in dem Arbeit ein Teil der Selbstentfaltung und nicht der Selbstentfremdung und -ausbeutung ist.

Wie man sich chronisch unter Wert verkauft

Tatjana hat sich als Heilpraktikerin selbstständig gemacht. Sie hat zahlreiche Ausbildungen absolviert und eine Menge Geld dafür investiert. Sie ist wirklich gut, das weiß sie selbst, aber sie traut sich nicht, von ihren Patientinnen und Patienten ein angemessenes Honorar zu verlangen. »Ich kann doch von so einer armen alleinerziehenden Mutter nicht sechzig Euro für eine Sitzung verlangen. Davon lebt sie doch fast eine ganze Woche!« Tatjana versetzt sich in ihre Kundin und deren angebliche finanzielle Situation hinein und leitet daraus Anforderungen an sich selbst ab. Sie geht also ins überfürsorgliche Eltern-Ich, entscheidet, was angeblich gut ist für ihre Kundin, und verlangt dann von sich, zurückzustecken und weniger in Rechnung zu stellen, als sie braucht und verdient hat. Als ich sie frage, wie sie sich fühlt, wenn sie das angemessene und marktgerechte Honorar nennt, antwortet sie: »Mies, gierig und menschlich schlecht.« Strafend-bewertendes Eltern-Ich! Tatjana blockiert sich also mit einem Eltern-Kind-Dialog und verhindert damit, sich als erwachsene selbstständige Heilpraktikerin ernst zu nehmen. Sie argumentiert gegen sich und maßt sich an, die finanziellen Bedürfnisse und Möglichkeiten anderer erwachsener Menschen beurteilen zu dürfen und gegen sich selbst zu verwen-

den. Wir spielen durch, was passieren würde, wenn sie so weitermachte. »Dann müsste ich meine Praxis bald schließen«, stellt sie nüchtern fest. »Sie waren dann ein ›braves Mädchen‹, haben aber Ihre berufliche Basis zerstört«, stelle ich, ebenso nüchtern, fest.
Timothy Gallwey hat recht: Der Gegner in uns ist manchmal viel stärker als alle Gegner da draußen. Was dazukommt: Die da draußen sind meistens gar keine Gegner. Wichtig ist zu verstehen, dass die Angst niemals einfach da ist, sondern die Konsequenz eines destruktiven inneren Dialogs, der einer ganz eigenen Logik und Dramaturgie folgt. Wir müssen also eine Menge dafür tun, Angst zu haben, uns unter Wert zu verkaufen oder nicht in Gang zu kommen. Wir können es als eine eigenständige, kreative Leistung betrachten, uns immer wieder davor zu drücken, spannende und motivierende Projekte *nicht* zu beginnen. Aus der Sicht unseres fehlgeleiteten Inneren Kompasses ist das logisch. In Wirklichkeit ist es sehr eigenartig, nicht wahr?

Wie aus Begeisterung Misstrauen wird

Markus ist der Chef eines kleinen Unternehmens. Einer seiner Mitarbeiter, Stefan, ist sein erklärter Liebling. Er fördert ihn, gibt ihm wichtige Tipps, doch in einer Besprechung, in der Markus Überstunden von allen verlangt, widerspricht ausgerechnet Stefan. Markus versteht die Welt nicht mehr: »Ausgerechnet mein bester Mann fällt mir in den Rücken!« Markus fühlt sich zunächst hilflos und verzweifelt (Kind-Ich), dann sinnt er auf Rache und beschließt, sich Stefan wegen dieser Sache zur Brust zu nehmen (strafend-bewertendes Eltern-Ich). Er will eine »klare Ansage« machen, dass das »überhaupt nicht geht« (Eltern-Ich). Im Stillen fragt er sich, ob er Stefan komplett falsch eingeschätzt habe, ob dieser Mann sogar gefährlich sei. Nun kritisiert sich Markus sogar selbst: »Hättest du nicht gleich sehen können, dass du da auf den Falschen setzt? Wie blöd muss man eigentlich sein?« Er geht sich selbst gegenüber in die Haltung eines strafend-bewertenden Elternteils. Misstrauen macht sich breit.

Zum Glück überdenkt er das Gespräch mit Stefan noch im Coaching, bevor er es tatsächlich führen kann. Als wir seine Beziehung zu seinen Mitarbeitern anhand des Coaching-Dreiecks reflektieren, wird Markus klar, dass er sich in der Parallelwelt seines Denkens wie ein Vater sieht, dessen Kinder lieb sein müssen, und dass er sofort seine innere Stabilität verliert, wenn sich seine »Kinder« nicht »anständig« benehmen. Markus ist zunächst einigermaßen geschockt über diese Erkenntnis: »Ich dachte immer, ich sei ein moderner Chef.« Nach außen hin ist das auch so. Er würde niemals herumschreien, er achtet die Ideen und Themen seiner Leute, spricht mit ihnen auf Augenhöhe. Autoritäres Gehabe ist ihm zuwider. »Wer will so etwas heute noch?«, sagt er zu Recht. Nur wenn einer ausschert, wird Markus unsicher und rutscht innerlich auf die unteren Ebenen ab. Dann greift sein ganz persönlicher Selbstsabotage-Code, der sich vor allem um Angst und Misstrauen dreht.

MINDFUCK zwingt in die kindliche Perspektive

Wenn wir in eine der unteren Ebenen abrutschen und innerlich die Haltung eines Kindes oder eines Elternteils einnehmen, zwingen wir unser Gegenüber geradezu, selbst auch auf die unteren Ebenen abzurutschen. Ich möchte deshalb ein paar Gleichungen vorschlagen, die uns im Job sehr nachdenklich machen sollten:

Chef im Eltern-Ich =
Mitarbeiter im Kind-Ich

Chef im Kind-Ich =
Mitarbeiter im Eltern-Ich oder ebenfalls im Kind-Ich

Ebenso gilt für uns alle:

Mitarbeiter im Kind-Ich = Chef im Eltern-Ich

Mitarbeiter im Eltern-Ich = Chef im Kind-Ich

Wenn Sie also mit einem anderen Menschen Probleme haben, fragen Sie sich, in welchem Ich-Zustand der andere und folglich auch Sie sind. Das gilt auch für Kunden oder Dienstleister. Sie werden einige sehr erhellende Erkenntnisse daraus gewinnen. Und natürlich auch sofort die Gleichung erkennen, die wir wirklich brauchen:

Chef im Erwachsenen-Ich =
Mitarbeiter im Erwachsenen-Ich

Sie sehen: Jede Art von MINDFUCK, jede Selbstblockade führt unweigerlich in einen der beiden nicht erwachsenen Zustände. Jede. Immer. Umgekehrt führt jedes Abrutschen in Eltern- oder Kind-Ich-Zustände in eine oder mehrere Formen von MINDFUCK. Beides, die Systematik der selbstblockierenden Gedanken und das Zurückfallen in weniger reife Zustände, gehört zusammen und macht Konflikte jeder Art so herausfordernd, innere Konflikte ebenso wie äußere. Bevor Sie mehr darüber erfahren, warum wir alle diese eigenartige Welt in uns haben, können Sie schon einmal einen Blick vorauswerfen. Mit diesem Blick öffnen Sie die Tür aus dem inneren Drama in Richtung Realität, echter Gegenwart und tatsächlich möglicher Zukunft.

Die Perspektive des Erwachsenen einnehmen

Nehmen Sie sich ein x-beliebiges Problem vor, das Sie im Job beschäftigt. Die MINDFUCKS haben Sie ja bereits erkannt. Und ziemlich sicher können Sie nun bereits zuordnen, in welchen inneren Zustand Sie verfallen, wenn Sie sich mit Ihren Selbstblockaden stören. Nun nehmen Sie spaßeshalber einmal eine andere Haltung zu der Sache ein, um die es geht. Die Haltung des balancierten und zu ganz anderen Taten fähigen Erwachsenen, der Sie wirklich sind. Jedes Problem wird allein dadurch bereits in ein anderes Licht gerückt. Denken Sie bitte daran, dass es aus einem Coaching-Blickwinkel heraus vollkommen egal ist, *warum* Sie dieses Problem haben. Mag sein, dass mal etwas vorgefallen ist. Vielleicht entstammt es Ihrer Kindheit. Doch das interessiert uns jetzt nicht. Mag sein, dass es ein schlimmes Erlebnis mit einem Menschen gab. Geschenkt. Erlauben Sie sich einzig und allein einen Perspektivwechsel, und fragen Sie sich: Was denke ich über dieses Problem, diesen Menschen oder diese Sorgen, wenn ich ganz der selbstwirksame und erwachsene Mensch bin, der ich ja in Wirklichkeit heute bin? Wie kann ich mich selbst und die Sache wirklich ernst nehmen? Welche Türen öffnen sich innerlich für mich, wenn ich weder Angst noch Abwertung noch Misstrauen und all die anderen Störmuster akzeptiere und mich innerlich so zu der Sache stelle, wie es mir als erwachsener Mensch möglich ist? Was passiert, wenn ich mich und die Sache wirklich ernst nehme? Was steht dann an? Was tue ich dann? Was sofort? Was als Nächstes?

Ich zeige Ihnen nun das Beispiel zweier meiner Klientinnen, die mit diesem Experiment des inneren Haltungswechsels sehr schnell zu ganz neuen Sichtweisen gekommen sind:

Marga hat eine neue Stelle angetreten, in der es darum geht, Geschäftsprozesse neu zu durchdenken und gute Ideen zu entwickeln. Eigentlich ihr Traumjob. Sie hat gute Ideen, blockiert sich jedoch immer wieder, wenn es darum geht, diese Ideen ihrem Chef überzeugend vorzustellen. Innerlich spielt sie das Kind-Eltern-Ich-Drama in allen Facetten durch. Von »Ich bin doch viel zu unerfahren und habe gar nicht verdient, dass jemand meine Idee unterstützt« (Kind-Ich) bis hin zu »Das ist doch alles nur eine Schnapsidee, was bildest du dir eigentlich ein?« (Eltern-Ich) ist alles dabei. Als ich sie bitte, einfach mal spaßeshalber direkt in die Haltung des balancierten, selbstwirksamen Erwachsenen zu gehen und die Sache einmal aus dieser Perspektive zu betrachten, wird sie zuerst sehr ruhig. Sie denkt nach, richtet sich auf und sagt dann unaufgeregt und mit fester Stimme: »Die Idee ist gut, es ist genau das, was unser Unternehmen braucht, etwas wirklich Besonderes und enorm Erfolgversprechendes und eigentlich das, wofür ich eingestellt wurde. Ich habe eine sehr seriöse Idee anzubieten, und ich bin die Frau, die sie umsetzen kann.« Basta. Kein großes Aufheben. Klare Schlüsse, einfach ausgesprochen. Kein Drama.

Ina ärgert sich immer wieder über eine Kollegin, die sich in Meetings andauernd mit fremden Federn, nämlich ihren, Inas, Leistungen schmückt. »Sie redet mit dem Chef über Ideen, die ich entwickelt habe, und gibt sie als ihre aus. Sie präsentiert ohne Absprache Projekte, die ich erarbeitet habe. Es ist unfassbar, einfach zum Verrücktwerden!« Anstatt etwas zu sagen, frisst sie den Ärger im Büro in sich hinein, überschüttet abends ihren Partner mit ihrem Frust und liegt nachts stundenlang wach, weil sie sich dafür kritisiert, immer wieder den Moment für eine klare Ansage an die Kollegin zu verpassen. Ich bitte auch sie, einfach mal spaßeshalber in die Haltung der selbstwirksamen und balancierten Erwachsenen zu gehen, die sie ja eigentlich ist. Auch bei ihr erlebe ich, dass sie zunächst ruhig wird, in sich geht, sich aufrichtet und mit klarer, fester Stimme sagt: »Es ist ganz klar, dass das nicht so weitergehen kann. Ich verabrede mich mit der Kollegin zum Mittagessen und spreche sie direkt auf das Thema an.« Als ich sie frage, was jetzt anders sei als vorher, sagt sie: »Am Problem hat sich nichts geändert. Aber ich nehme mich anders wahr. Mir kommt es plötzlich ganz absurd vor, nichts zu sagen. Und völlig natürlich, die Angelegenheit schnell und direkt zu klären.«

Das besondere Gefühl von Klarheit und Konsequenz

Wenn Sie den inneren Sprung ins Erwachsenen-Ich wirklich vollzogen haben, werden Sie eine sonderbare Erfahrung machen. Es fühlt sich nicht euphorisch oder extrem an, sondern einfach nur echt. Wahrhaftig und echt. Es ist ein sonderbar ruhiges und klares Gefühl, das sich einstellt, wenn wir im Erwachsenen-Ich sind. Sollten Sie sich nun auf eine abgehobene Art überlegen und »richtig« fühlen, dann sind Sie ins Eltern-Ich, nicht aber ins Erwachsenen-Ich gegangen. Probieren Sie es dann einfach noch mal. Erwachsen sein heißt, sich den Themen klar und entschieden zu stellen, ohne Angst, Aggression, schlechte Gefühle, falsche Euphorie oder irgendwelche anderen Psychospielchen. Wir neigen weder dazu, uns selbst zu überschätzen, noch dazu, uns selbst zu unterschätzen. Wir sehen die Dinge differenziert und nutzen unser gesundes, balanciertes Urteilsvermögen. Wenn es um einen Konflikt mit einer anderen Person geht, können Sie sich dann von Misstrauen distanzieren oder echt begründetes Misstrauen als eine gesicherte Entscheidungsgrundlage für die nächsten Schritte nutzen. Sie wissen dann ganz von selbst, was zu tun ist. Und tun es auch. Es ist plötzlich sonnenklar, was als Nächstes dran ist. Und es macht keine Angst mehr, sondern ist einfach nur logisch. Manche nennen dies ein Gefühl von Klarheit und Konsequenz. Auch wenn es sich nicht übermächtig anfühlt, ist es die wahre Macht, die ein erwachsener Mensch, und nur dieser, wirklich hat. Wir wissen dann um unsere tatsächlichen Möglichkeiten. Und auch um unsere Grenzen, ohne dagegen blindwütig Sturm zu laufen. Wir suchen lieber nach kreativen Lösungen, statt die Wände hochzugehen. Es geht nicht mehr um alles oder nichts, sondern darum, das Richtige zur richtigen Zeit zu tun. Ohne Drama. Ohne großes Tamtam. In dieser inneren Haltung werden sogar die schwierigen Herausforderungen zu interessanten Ereignissen in Ihrem Leben. Ereignisse, an denen Sie wachsen können und sich neue Räume erschließen, statt sich selbst zu blockieren.

Jetzt ist es an der Zeit, ein erstes Fazit zu ziehen. Sie haben die sieben MINDFUCK-Arten kennengelernt und schon erste wichtige Hinweise erhalten, was sich eigentlich dahinter verbirgt. Dann haben Sie noch mehr Sensibilität für die Sprache und Logik erworben, um immer sicherer darin zu werden, sich selbst bei Blockaden zu ertappen und nicht mehr ernst zu nehmen, was Sie da zu sich sagen. Schließlich haben Sie gesehen, dass Sie immer dann, wenn Sie Selbstzweifel, Ängste und andere MINDFUCKS innerlich hochholen, in einem kindlichen Modus sind, der niemals richtig ist für einen erwachsenen Menschen, der Sie ja faktisch sind.

Um diese Erkenntnisse zu vertiefen, werden Sie im nächsten Kapitel erfahren, woher die vielen Blockaden bei der Arbeit kommen, was sie mit unseren Vorfahren und mit unserer eigenen Biographie zu tun haben. Ich werde Ihnen unter anderem ein paar interessante Fragen zu Ihrer Familiengeschichte stellen, die sehr erhellend für Sie sein können. Einiges, was Sie sich heute gar nicht erklären können, kann sich so recht schnell und klar auflösen. Insgesamt aber empfehle ich Ihnen für das folgende Kapitel: Zurücklehnen, ein wenig durchatmen, nachdenken, reflektieren, wieder neue Kraft sammeln. Denn danach heißt es durchstarten zum Codeknacken!

Warum wir uns im Beruf selbst blockieren

Das kollektive Erbe verstehen

Hätten unsere Vorfahren gewusst, wie viele von uns heute in schicken, hellen, gut beheizten Büros mit Gesundheitsstühlen, eigenen Küchen, Kantinen und Keksen auf dem Tisch arbeiten, hätten sie sicherlich gedacht, das Paradies auf Erden sei angebrochen. Ein Sozialstaat, Arbeitsrecht, Versicherungen und Arbeitsschutz als Selbstverständlichkeit sind in den historischen Dimensionen der Geschichte jedoch erst einen Wimpernschlag alt. Mindestens unsere Urgroßeltern lebten in einer ganz anderen Welt, die von Härte, grober Ungerechtigkeit und Mangel geprägt war. Es ist ein sehr hartes und trauriges Kapitel, das wir für unsere Zwecke nur streifen werden. Dennoch ist es äußerst wichtig, die Tradition von Arbeit und ihre Bedeutung für unsere Vorfahren zu kennen, um zu verstehen, warum wir an so vielen Stellen unserer ach so aufgeklärten Hightechwelt immer noch nicht im 21. Jahrhundert angekommen sind. Denn MINDFUCK im Job hat eine Menge mit alten, überlieferten Ängsten und Denktraditionen zu tun, die bis zu den heute lebenden Generationen weitergegeben wurden. Es sind oft kulturelle und familiär geprägte Muster, die wir erlernt und unbewusst übernommen haben. Wenn uns aber klar ist, dass das alles Schnee von gestern ist, der uns heute nur blockiert, können wir die Muster viel leichter erkennen, loslassen und durch neue, bessere ersetzen.

Vielleicht möchten Sie, bevor Sie weiterlesen, einmal kurz an Ihre eigenen Vorfahren denken und sich daran erinnern, was diese Menschen beruflich gemacht haben. Was waren Ihre Großeltern und deren Eltern von Beruf? Womit haben sie ihren Lebensunterhalt verdient? Falls Sie alte Aufnahmen besitzen: Wie wirken Ihre Vorfahren auf Sie? Waren sie glücklich? Haben sie sich beruflich verwirklicht? Oder wäre ihnen dieser Gedanke vielleicht geradezu verrückt erschienen, weil es einfach nur wichtig war, die Pflicht zu tun und irgendwie zu überleben?

Vor der Industrialisierung, die vor etwa zweihundertfünfzig Jahren begann, war die Gesellschaft noch in Herren, Leibeigene und Knechte und wenige Freie aufgeteilt. Die Herrschaften bestimmten, wo ihre Leibeigenen lebten, was sie taten, ob und wen sie heiraten durften. Fast alle unsere Vorfahren standen an den unteren Enden einer starr festgelegten Hierarchie, und das zeigte sich zuallererst darin, dass sie den Lebensunterhalt für sich und ihre Familie und darüber hinaus für ihre Herrschaften mit harter Arbeit verdienen mussten. Das größte Privileg, das die Herren da oben hatten, war, eben nicht arbeiten zu müssen. Über Jahrhunderte hinweg war es für Adelige undenkbar, selbst Geld zu verdienen. Arbeit war also jahrhundertelang ein Zeichen von Unterlegenheit. Das Arbeitsleben aller Menschen war tatsächlich hart und ungerecht. Wer die schweren körperlichen Leistungen nicht mehr erbringen konnte, war auf die Unterstützung seiner Familie oder auf Almosen angewiesen. Mit Beginn des Maschinenzeitalters wurde die Arbeit allmählich militärisch organisiert. Menschen und ihre Bedürfnisse zählten nicht. Das Ideal und die Anforderung war, dass sich der Mensch der Maschine anzupassen habe – und nicht umgekehrt. Immer wieder gab es Widerstand gegen diese Verhältnisse, aber für die meisten erschien die Arbeit, ihre Härte und ihre Plage, das karge Auskommen, das sie brachte, als gottgegebenes Schicksal. Und war dies nicht die gerechte Strafe Gottes für die Vertreibung aus dem Paradies, so der christliche Glaube? Nämlich, dass Adam und Eva von nun an ihren Lebensunterhalt mit täglicher Arbeit erringen mussten? Unsere Vorfahren wurden also in ein striktes System geboren, aus dem es kein Entrinnen gab. Aufstiegschancen? Fehlanzeige. Weiterentwicklung? Eine verrückte Idee, die man nicht einmal verstanden hätte. Keine Schläge zu bekommen und irgendwie genug zu essen zu haben, war für viele bereits das Beste, was sie sich erhoffen konnten. Niemand hätte im Traum daran gedacht, dass man von seiner Arbeit mehr als das schiere Überleben verlangen könne. »Schuster, bleib bei deinen Leisten« ist noch so ein Satz von damals. Man solle nicht etwa nach Höherem streben. Für die meisten Menschen war es eine Selbstverständlichkeit, ihre Kinder auf ein mühevolles Arbeitsleben vorzubereiten. Wer das nicht mitmachen wollte, galt als faul, nichtsnutzig, ja als gemeingefährlich. »Wer nicht arbeitet, soll nicht essen«, hieß es. Trägheit war eine Sünde. »Sich ducken und das Maul halten« war der gute Rat, den Eltern für ihre Kinder hatten. Ein hartes Leben, gegen das nur die wenigsten aufzubegehren wagten. Dass sich unsere Vorfahren nach dem Sonntag, dem einzigen freien Tag sehnten, ist vor diesem Hintergrund mehr als nachvollziehbar.

Das alles bewältigen Menschen nur dann, wenn sie innere Dialoge mit sich führen, die sie zum Aushalten und Funktionieren bringen. Das Denken unserer Vorfahren, das wir heute im MINDFUCK-Modus wiederholen, ist vergleichbar mit der Kunst, aus einem eigentlich hochwachsenden Baum einen Bonsai zu machen. Alles, was da war, durfte nur in Miniaturformat existieren, nur so groß, dass es den engen Rahmen der Hierarchien nicht durchbrechen konnte. Es ist aus meiner Sicht eine der berührendsten Einsichten über das Wesen unserer Spezies, wenn wir verstehen, mit welcher ungeheuren Intelligenz und Kreativität wir seit Jahrhunderten dafür sorgen, dass wir unter unseren Möglichkeiten und kleiner bleiben, als wir eigentlich sind. Ein Innerer Kompass, der im Blockademodus funktioniert, ist ein erstaunliches Überbleibsel aus dieser Denkwelt. MINDFUCK ist aus dieser Perspektive in seiner letzten Konsequenz das Denksystem, mit dem sich Menschen seit Jahrhunderten in starren Hierarchien und ausgeprägten Mangelgesellschaften selbst beschränkten. Es ist ein kollektives Erbe in unserem Denken, das uns noch viel zu wenig bewusst ist, und es richtet bis heute in unseren Berufswelten großen Schaden an. Leider ist davon auch das in seinem Potenzial so wundervolle Verhältnis zwischen Männern und Frauen betroffen, das an so vielen Stellen noch von MINDFUCK und uraltem Denken durchsetzt und blockiert ist.

Männer, Frauen und MINDFUCK

Gibt es MINDFUCKS, die typisch für Männer, und solche, die typisch für Frauen sind? Zunächst ist wichtig: Männer wie Frauen behindern sich gleich stark mit den sieben Denkmustern. Und sie fallen ebenso stark zurück in Eltern-Kind-Muster, was sie weit wegbringt von ihrem eigentlichen Potenzial als erwachsener Mensch. Es herrscht also im Hinblick auf die Fähigkeit zur Selbstblockade eine traurige Gerechtigkeit zwischen den Geschlechtern.

Doch beide Geschlechter erleben MINDFUCK im Job an vielen Stellen in für ihre Geschlechterrollen bis heute typischen Varianten. Das ist ganz normal, denn wir kommen aus unterschiedlichen historischen und familiären Traditionslinien, und das verändert natürlich auch unsere ganz persönliche Art, uns und andere zu blockieren. Männer üben zum Beispiel aus einer anderen Tradition und mit anderen Argumenten Druck auf sich aus als Frauen. Die konkrete Ausgestaltung von Ängsten sieht bei Frauen anders aus als bei Männern und hat mit den im Detail unterschiedlichen kollektiv überlieferten und im eigenen Leben erfahrenen Bedrohungen zu tun. Nachts allein durch einen verlassenen Park zu gehen, löst bei Frauen andere Assoziationen aus als bei Männern. Die Vorstellung von Krieg löst, wenn wir uns untereinander befragen, bei Männern andere Bilder aus als bei Frauen. Die Form der Bedrohung ist, über Generationen überliefert, tatsächlich eine andere, und so werden im MINDFUCK-Modus auch jeweils unterschiedliche Bilder und »Argumente« bemüht, die aber für die Angehörigen des eigenen Geschlechts in der Regel gut nachvollziehbar sind. Ja, das kenne ich auch, sagen wir dann. Sehen wir uns nun die geschlechterrollentypischen Unterschiede der Selbstblockaden im Job genauer an:

Wie sich Männer blockieren

Frage ich in größeren, ausschließlich männlich besetzten Runden nach MINDFUCK-Erfahrungen, so heben beim Druckmacher-MINDFUCK fast alle die Hand. »Du musst das durchziehen!«, »Streng dich mehr an, du musst das schaffen!« Das sind Sätze, die meine männlichen Klienten sehr gut aus ihrem Innenleben kennen. »Mann« darf sich nicht lächerlich machen. Die Orgien an laut ausgesprochenen Selbstzweifeln und Hilfeappellen, die Frauen manchmal geradezu schamlos vor sich hertragen, verbieten sich Männern aus ihrer Rolle heraus bis heute. Das Aushalten und Durchhalten in beruflich anstrengenden Situationen, keinerlei Grenzen zu kennen und die Dinge notfalls mit Gewalt (also Druck auf sich selbst und andere) durchzuziehen, ist für viele noch eine Selbstverständlichkeit, die sie erst als Blockademuster erkennen, wenn der Bogen wirklich überspannt ist. Viele Männer sind auch mit dem Bewertungs- und Übermotivations-

MINDFUCK eng vertraut. Sich notorisch vergleichen, immer im Wettbewerbsmodus stehen und gut drauf sein zu müssen, das ist für viele immer noch ein Muss, wenn sie nicht als »Weicheier« gelten wollen. Doch die Welt hat sich seit einigen Jahren rasant weitergedreht. Auch für Männer ist das Risiko, sich im Dauerleistungsmodus auszubeuten, zu hoch geworden. Niemand dankt es einem mehr, sich heldenhaft aufzuopfern. »Alles zu geben« ist ein Opfer, das heute nicht mehr automatisch mit Aufstieg und Anerkennung belohnt wird. Viele verstehen die Welt nicht mehr, haben den Eindruck, doch wirklich alles richtig zu machen. Doch die militärischen Traditionen, die sich in der Sprache und den sogenannten »Visionen« vieler Manager bis heute finden, haben in einer globalisierten, alternden und von Vielfalt geprägten Gesellschaft buchstäblich ausgedient. Es gibt sie nicht mehr, die Welt, in der die alten militärischen Werte ihren Sinn hatten: an vorderster Front kämpfen, seinen Mann stehen, seine Meriten verdienen, die Truppe zusammenhalten. Man muss eine Menge Übermotivation aufbieten, um sie wirklich noch ernst zu nehmen. Auf manchen Tagungen hört man noch, wie Führungskräfte ihre »Truppen einschwören«, wie sie angeblich »Schlachten verlieren, aber Kriege gewinnen«. Das alte Militär lebte von Hierarchie und Autorität, von Befehl, Gehorsam, Selbstverleugnung und Übermotivation, von starren Regeln und dem sehr eigenwilligen Begriff der Ehre. Es war ein grundlegender Bestandteil autoritärer Systeme und hatte die zweifelhafte Aufgabe, Menschen dazu zu bringen, ihr eigenes Leben für eine größere Sache zu opfern. In dieser alten militärischen Denkwelt finden wir die gesamte Bandbreite von MINDFUCK. Seit mehreren Jahrzehnten sind moderne Armeen in demokratischen Ländern deshalb dabei, ihre Werte neu zu definieren, zeitgemäß zu werden und ihre Aufgabe als Beruf zu definieren. Sie professionalisieren sich, während die Professionals im zivilen Leben in vielen Unternehmen noch die Sprüche und Sichtweisen eines Militärs pflegen, die das Militär selbst schon längst überwunden hat. Wie kann ein zeitgemäßes Update der alten Werte aussehen? Engagement und Leistungsfreude, die Lust, etwas zu bewegen und beruflich voranzukommen, sind sicherlich auch heute noch aktuell. Das alles aber in einer Gesellschaft von Menschen, die sich auf Augenhöhe begegnen, die nicht im offenen und verborgenen Dauerwettbewerb miteinander stehen, sondern Freude daran haben, auch in unterschiedlichen Verantwortungsebenen als Erwachsene gleichberechtigt zusammenzuarbeiten, gemeinsam zu lernen und gemeinsam großartige Arbeit zu leisten. Das ist aufregende Aufbau- und Entwicklungsarbeit und nicht mehr Kampf um Leben und Tod.

Veraltete Traditionen erkennen

Ich habe einmal im Auftrag eines Unternehmens einen Manager gecoacht, der sehr autoritär auftrat und sich sehr schwer damit tat, Frauen oder anderen Männern zeitgemäß und auf Augenhöhe zu begegnen. Die Leitsätze, nach denen er im Job lebte, lauteten: Voller Einsatz, koste es, was es wolle. Wer nicht für mich ist, ist gegen mich. Das Leben ist ein Überlebenskampf, und hier kämpft jeder gegen jeden.
Arbeit war für ihn wie ein Schlachtfeld, das Büro ein Feldlager, das er nur ungern verließ. Kein Wunder, dass er anfangs große Schwierigkeiten hatte, mit mir als jüngerer Frau die Parallelwelt in seinem Kopf ernsthaft anzusehen und zu analysieren. Doch als er Vertrauen gefasst hatte und ihm die Verbindung zwischen seinen Überzeugungen und dieser veralteten militärischen Tradition klarwurde, war er erst einmal sehr überrascht. Er stutzte. Und sagte dann: »Wer erfolgreich sein will, muss doch aber so sein.« Ich gebe zu, dass es ein ganzes Stück Arbeit für uns beide war, doch nach drei Mona-

ten kamen die ersten ermutigenden Feedbacks aus dem Kollegenkreis. Nach einem Jahr folgten durchgehend positive Rückmeldungen. Aus dem autoritären Abteilungsleiter mit ungehemmtem Beißreflex war ein charismatischer, zugänglicher, offener und zugleich starker Sparringspartner geworden. Als wir die Bilanz unserer Zusammenarbeit zogen, sagte er mit einem Augenzwinkern: »Es gelingt mir nicht immer. Aber immer öfter.«

Die Kollateralschäden, die aggressive Zeitgenossen auch unter ihren männlichen Kollegen anrichten, sind heute nicht mehr zu übersehen. Sie stören und blockieren das gesamte Umfeld. Manchmal coache ich Männer, die überhaupt keine Lust und keine besondere Begabung darin haben, in diesen Szenarien mit anderen Männern mitzumischen. Sie werten sich dafür ab, nicht so tough und smart zu sein wie die anderen, sie glauben, härter werden zu müssen. So entstehen selbstabwertende MINDFUCKS bei Männern, die nicht merken, dass sie weitaus zeitgemäßer und störungsfreier arbeiten als die sogenannten Alpha-Männchen, die ihnen das Leben schwermachen. Denn die Neigung, unproduktive Statusspiele auszufechten und unter allen Umständen die Kontrolle zu behalten, macht Menschen in der heutigen Arbeitswelt zu Risikofaktoren, die sich zeitgemäße Unternehmen nicht mehr leisten können. Egospiele und Statusgerangel passen nicht in eine alternde Wissensgesellschaft, in der Menschen immer stärker gut miteinander kooperieren müssen. Wir können uns keine Aufteilung in Gewinner und Verlierer einer Belegschaft mehr leisten. Wenn einer verliert, verlieren alle im Team. Unternehmen können es sich nicht mehr leisten, Mitarbeiter durch Machtspiele innerlich kaltzustellen oder sogar ganz zu verlieren. Sie brauchen die Leistung und Kreativität aller. Wer also glaubt, andere unbedingt besiegen zu müssen, schadet allen. Und damit torpediert MINDFUCK auch männliche Karrieren.

Individualität und Lebensqualität

Das größte Entfaltungspotenzial für Erfüllung und Erfolg im Beruf sehe ich bei Männern in der Überwindung der Selbstverleugnung. Viele mag das überraschen, wird doch selbstverleugnendes Verhalten traditionellerweise eher Frauen zugeschrieben. Doch es gibt eine lange, typisch männlich geprägte Tradition dieser Selbstblockade: den Heldentod für die Firma sterben, sich draußen in der Welt aufopfern für die Familie. Verantwortung für alles und jeden übernehmen und dabei nicht an sich selbst denken. Das kennen viele Männer. Und es bedeutet, die Interessen anderer chronisch über die eigenen zu stellen. Der Preis des Selbstverleugnungs-MINDFUCKS ist hoch: die eigene Individualität und Originalität stirbt zuerst. Man lebt für ein felsenfestes Ideal und spürt nicht mehr, wer man außerhalb dieses Ideals ist. Möglicherweise ist die heute so häufig beklagte Präsenzkultur im Büro, die vor allem Männern zugeschrieben wird, ein Überbleibsel aus militärischen Traditionen (mit den Kameraden im Feldlager leben) und ein Verlust von erlebter Individualität. Wer sich jedoch nur noch in einer einzigen, beruflich geprägten Rolle wiederfindet, hat sich als Individuum und vielschichtiger Mensch schon längst verloren. Ich kann mich an ein Coaching mit einem Manager erinnern, der stark mit Selbstverleugnungs-MINDFUCK zu tun hatte. Er kam in einem Punkt seiner Karriere zu mir, als ihm alles plötzlich schal und sinnlos erschien. Über seine eigentliche Jobbeschreibung hinaus hatte er sich zu einer Art »Feuerwehrmann« für alle Lebenslagen gemacht. Die unangenehmen und längst überfälligen Aufgaben landeten immer auf seinem Tisch, weil er zuverlässig, freundlich und immer »heldenhaft« auftrat, wenn es darum ging, noch eine Extraschicht im Büro einzulegen. »Ich reibe mich auf für meine Kollegen und dieses Unternehmen. Aber ich habe kein anderes Leben mehr. Keine Beziehung, keine Freunde. Abends sitze ich vor dem

Fernseher und frage mich, was das alles eigentlich soll.« Er lebte so stark für die Interessen seiner Kollegen und seines Unternehmens, dass ihm nicht bewusst wurde, dass er seine Gesundheit und Lebensfreude über die Grenzen hinaus vernachlässigte. »Man erwartet das von mir«, sagte er. Oder: »Wenn ich das nicht tue, wird es gar nicht gemacht.« Doch er beschloss, die Sache anzupacken und seinen MINDFUCKS auf den Grund zu gehen. Eines Tages verriet er mir, was ihn seit Wochen am meisten beschäftigte. Er nannte es scherzhaft den »Turnschuh-MINDFUCK«. Ich war neugierig, was er damit meinte. »Ich habe mir vor einigen Monaten absolut abgefahrene, sehr bunte Turnschuhe im Internet bestellt, die man selbst gestalten konnte. Es gibt weniges, das mir so viel Freude macht, ja mich geradezu diebisch freut wie diese Turnschuhe. Aber wissen Sie was? Ich hatte noch nicht den Mut, sie zu tragen. Weder in der Öffentlichkeit noch im Büro. Ich habe solche Angst vor dummen Sprüchen, dass ich sie nur zu Hause trage und da auch nur, wenn ich allein bin.« Die bunten Sneakers waren für meinen Klienten weit mehr als einfach nur Turnschuhe. Er hatte sie selbst zusammengestellt, und sie waren genau das, was er wollte. Sie gaben ihm ein wunderbares Gefühl von Individualität und Originalität und waren damit ein Objekt von höchster Symbolkraft für ihn und sein Leben. Anhand des Turnschuh-Themas reflektierten wir die Impulse, die hinter einer ausgeprägten Selbstverleugnung warten: Individualität und Originalität und die Fähigkeit, eigene Interessen ernst zu nehmen und mit anderen hervorragend zu kooperieren, ohne sich zu verlieren. Und so verhalfen die Turnschuhe meinem Klienten zum Durchbruch. Mit dem Tragen der Turnschuhe in der Öffentlichkeit fand er den Mut, zu sich selbst und seiner Individualität zu stehen, und er begann, sich Schritt für Schritt ein neues erfülltes Berufs- und Privatleben aufzubauen. Als tatsächlich dumme Sprüche kamen, lachte er einfach darüber.

Er hatte die Regeln durchbrochen, hatte einen eigenen Stil gewählt und sich damit neben dem ersten Spott eine Menge Achtung und Aufmerksamkeit verschafft. Als ich ihn fragte, wie es sich am »Casual Friday«, dem Tag, an dem alle im gepflegten Freizeitlook ins Büro kommen, mit den scharfen Turnschuhen arbeite, sagte er: »Ich gehe tatsächlich alles lässiger und unkonventioneller an. Die Schuhe geben mir, so komisch das klingt, irgendwie Kraft. Sie inspirieren mich und erinnern mich immer daran, dass mein Leben so viel mehr zu bieten hat, als die Erwartungen anderer zu erfüllen.«

Mein Tipp speziell für Männer: Auch wenn Sie zufrieden sind mit Ihrem Erfolg, können Sie enorm davon profitieren, Ihre Arbeit und Ihr Auftreten im Job unter dem Blickwinkel von Originalität und Individualität zu betrachten. Es könnte Ihnen noch mehr Spaß machen, in Ihrem Umfeld einen noch stärkeren Eindruck zu hinterlassen. Woran könnten Sie selbst und andere erkennen, dass Sie ein lebendiger, kraftvoller und eigenständiger Mensch sind? Es lohnt sich, zu experimentieren! Für manche ist es ein bestimmtes Schreibgerät oder ein elektronisches Device, das ihre Persönlichkeit und ihre Werte deutlich macht, für andere Kleidung, die Schuhe, ein Accessoire, eine Uhr, bestimmte Manschettenknöpfe oder einfach ihre ganz eigene Art, die Dinge auf ihre Weise zu erledigen. Es geht darum, Ihre Einzigartigkeit und Ihre ganz und gar eigene Qualität erkennen zu lassen. Für Sie selbst und für andere. Ebenso wichtig ist es, dass Sie sich immer wieder Zeit für sich selbst nehmen. Für Aktivitäten, die nur Ihnen etwas bedeuten und bei denen Sie die Akkus aufladen können. Selbst wenn Sie Familie haben, hat keiner ein Anrecht darauf, Sie im Dauermodus in die Pflicht zu nehmen. Sie sind, egal wem Sie sich verbunden und verpflichtet fühlen, dennoch ein freier Mensch mit einer ganz individuellen Agenda. Selbst Vorstände und Topunternehmer erkennen das heute und lassen sich nicht mehr von allem und jedem verplanen. Was da draußen lässt Ihr Herz höherschlagen?

Wie sich Frauen blockieren

Viele Frauen haben in großem Maße Denkmuster verinnerlicht, die mit geschlechtsspezifischen Traditionen zu tun haben. In Coachings, in denen es um Karriere- und Erfolgsstrategien geht, müssen sich meine Klientinnen und ich oft durch einen wahren Morast an überholten Denkmustern arbeiten, die aus einer Zeit stammen, in der Frauen einfach noch »nichts zu melden« hatten. Diese Redewendung stammt übrigens auch aus dem Militär. Wer in der Hierarchie ganz unten stand, hatte eben nichts zu melden und durfte nur den Mund aufmachen, wenn er dazu aufgefordert wurde. Genau so verhalten sich leider heute viele Frauen im Job. Sie reihen sich in vielen Formen der erlernten Sprachlosigkeit ganz hinten ein, ohne es zu merken. Sie melden sich nicht, sie bringen sich trotz höchster Qualifikation zu selten oder gar nicht ein, sie ducken sich, wenn es darum geht, gesehen zu werden und Gehör zu finden. Das alles liegt nicht an ihrer Biologie oder ihren Fähigkeiten, sondern an der traurigen Tradition, die Frauen über Jahrhunderte untergeordnete Positionen zuwies und sie zum großen Teil aus dem öffentlichen und beruflichen Leben fernhielt. Wenn ich in Damenrunden frage, wer von den Anwesenden auf eine Tradition weiblicher Erfolgsgeschichten in der eigenen Familie zurückblicken könne, bleiben in der Regel alle Hände unten. Und die wenigen, die sich melden, berichten von Großmüttern, die nach dem Krieg den Karren ganz allein aus dem Dreck ziehen mussten, und anderen Beispielen eines gelungenen Überlebenskampfs im Dienste der Familie in einer unwirtlichen Zeit. Frauen in der Ahnenreihe, die aus eigener Kraft rein beruflich etwas Großes und Bedeutendes erschaffen haben, kommen so gut wie gar nicht vor. Berufliche Vorbilder für Frauen sind in der Regel Männer, und deren Verhaltens- und Erfolgsstrategien konnten sie nur eingeschränkt kopieren, wenn sie überhaupt jemals als Mädchen detaillierte Kenntnisse davon erhalten haben. Jede Frau, die heute beruflich Außergewöhnliches leistet, ist deshalb immer noch eine echte Pionierin. Es gibt erst eine, höchstens zwei Generationen, aus denen Frauen auf gesellschaftlicher Ebene Impulsgeberinnen oder Vorbilder gewinnen können. Diese fehlenden Traditionen und die Aufgabe, ein eigenes Bewusstsein für beruflichen Erfolg und Lebensqualität zu erschaffen, gehören aus meiner Sicht zu den ganz entscheidenden Erfolgsfaktoren einer zeitgemäßen Selbstreflexion und Förderung weiblicher Karrieren. Doch gerade diese Arbeit verlangt erhebliches Fingerspitzengefühl, echtes Vertrauen in der Zusammenarbeit und ein beherztes Abrücken von unbrauchbaren Plattitüden, die Frauen heute als Karrieretipps verkauft werden. Kommen wir zurück zu den bei Frauen häufig anzutreffenden MINDFUCK-Landschaften. Da ist vor allem die Tendenz, die eigenen Interessen hinter die anderer Menschen zu stellen, zum Beispiel von Kollegen, Chefs, Mitarbeitern, Partnern oder der Kinder bzw. der Eltern. Oder die Neigung, Aggressionen wegzudrücken und mütterliche Verhaltensweisen an den Tag zu legen und gleichzeitig immer wieder in Gesten der Hilflosigkeit zu verfallen. Die berühmt-berüchtigte Zickigkeit oder Stutenbissigkeit ist aus meiner Sicht eine aus der Erziehung von Mädchen stammende Verkrüppelung offen ausgelebter Aggressions- und Wettbewerbstendenzen, die es zwischen Menschen immer geben kann, die Mädchen aber traditionellerweise als Fehler und Charakterschwäche ausgelegt wird. Frauen suchen sich dann andere Wege, die aus dem Blickwinkel der offen gelebten und zum Teil mit Stolz präsentierten Aggressionsstrategien von Männern eigenartig bis befremdend wirken und es auch sind. Die hochgradig dominanten Machtspiele aus der klassischen »Männerwelt« sind aber, wie wir gesehen haben, nicht weniger befremdlich, wenn wir sie aus dem Blickwinkel eines freien, erwachsenen und selbstwirksamen Zeitgenossen des 21. Jahrhunderts betrachten. Ein starkes, selbstbewusstes Auftreten müssen Frauen jedoch immer noch mit besonderer Herzlichkeit, eingestreuten Unterwerfungsgesten, einer bestimmten Wärme oder Geschlechtsneutralität im Auftreten bemänteln, um nicht auf beide Geschlechter als unsympathisch und zu dominant zu wirken. Leider wurde dieses Phänomen durch wissenschaftliche Studien mehrmals bestätigt. Über dieses Faktum, das ich in der Praxis täglich antreffe, habe ich lange nachgedacht. Ich denke, es ist schon für Männer neu, unabhängig von der familiären Herkunft als respektierter Erwachsener unter Erwachsenen aufzutreten und wahrgenommen zu werden. Die Vorfahren der meisten Männer von heute waren auf dem berühmten Schlachtfeld nicht die berittenen Adeligen mit den stolzen Rüstungen, sondern das schlecht besohlte Fußvolk, das froh sein konnte, nicht als Kanonenfutter vorangehen zu müssen. Echte berufliche Machtpositionen sind für Männer in deren Familiengeschichten deshalb beinahe ebenso neu wie für Frauen. Manche blicken auf eine erfolgreiche männliche Berufstradition von wenigen Generationen, nicht mehr, zurück. Für Frauen ist es aber wirklich brandneu und leider gerade im deutschsprachigen Raum noch nicht überall eine Selbstverständlichkeit. Wir alle sind noch von Frauenbildern geprägt, die aus der Perspektive von Kindern oder Sexualpartnern geschaffen wurden. Frauen sind immer noch in der Parallelwelt des Denkens von Männern und Frauen dazu da, gute Gefühle auszulösen. Wettbewerb und Führung aber lösen nicht immer gute Gefühle aus.

Mit beidem haben viele Frauen in der Praxis deshalb enorme Probleme. Viele Frauen ergreifen dann häufig die Flucht in die Extreme: die Verleugnung ihres Geschlechts oder die besondere Betonung ihres Geschlechts. Solange aber Frauen gefühlt nur die Wahl zwischen Asexualität und Übersexualisierung im Auftreten bleibt, haben wir noch eine Menge Arbeit vor uns.

Mein Tipp speziell für Frauen: Perfektionismus, Selbstzweifel und das Gefühl, dass es von der Qualität her eigentlich niemals reicht, sind Themen, die fast jede Frau kennt. Was wir tun, tun wir dann nicht, weil es uns wirklich Spaß macht, sondern weil wir immer besser werden wollen. Selbst Freizeitaktivitäten werden unter dem Blickwinkel betrachtet, ob sie uns, unserer Gesundheit, der Familie oder den Kindern nützen würden. Fitnessstudio? Für die bessere Figur. Wellnessprogramm? Um besser auszusehen! Sprachkurs machen? Um den Kindern besser bei den Hausaufgaben zu helfen oder um im Job noch besser zu werden. Die Devise der Perfektionistin in uns lautet: Sei nützlich! Streng dich noch mehr an! Arbeit und sogar Freizeit werden dadurch zu einer Art Sklavengaleere, bei der man sich jeden Tag innerlich die Peitsche gibt. Wir müssen aber niemandem mehr beweisen, dass wir besser sind, um einen guten Job machen zu können. Wir können endlich anfangen, Spaß zu haben! Sinnlosen Spaß! Pure Freude! Ich empfehle jeder Frau als Gegenprogramm, die Jane Bond in sich zu entdecken, also den weiblichen Part zum smarten und genussfreudigen Spion Ihrer Majestät, James. Planen Sie als ersten Paukenschlag zum Beispiel ein Lernerlebnis, das einfach nur Spaß macht, das nicht nützlich und vielleicht nur purer Luxus ist. Zum Beispiel einen Cocktailmixerkurs in einer coolen Bar. Machen Sie einen Segel- oder Motorbootschein, schnappen Sie sich ein Mountainbike und gehen Sie auf Abenteuer über Stock und Stein. Vielleicht finden Sie auch Stangentanz spannend. Einfach so. Suchen Sie ganz bewusst nach Events, die für Sie wirklich außergewöhnlich sind und Ihnen die Möglichkeit geben, das Leben als ein Angebot für die mutige Abenteurerin in Ihnen zu spüren. Nehmen Sie dieses Gefühl dann mit in den Job. Sie werden um einiges lockerer werden, großzügiger mit sich selbst und anderen. Und man wird Sie als die Frau erleben, die Spaß hat und mit der es ungeheuer Spaß macht, zusammenzuarbeiten. Meine Finanzberaterin fährt beispielsweise in ihrer Freizeit im wildesten Gelände Enduro-Motorrad. Im Alltag nutzt sie öffentliche Verkehrsmittel und ist eine bodenständige, hochprofessionelle und äußerst kompetente Frau, die ihren Job hervorragend macht. Wenn ich in ihrem Beratungszimmer sitze und die Enduro-Fotos sehe, spüre ich etwas von ihrer außergewöhnlichen und mutigen Seite, die auch in ihre tolle Arbeit einfließt. Faszinierend! Denken Sie daran: Wenn Sie Freude und puren Spaß am Genießen mit in die Arbeit bringen, interessiert sich keiner mehr dafür, ob Sie fehlerlos sind. Sie selbst am allerwenigsten. Vielschichtige Menschen lassen sich nicht mehr auf Perfektion festlegen.

Neue Vorbilder in der Arbeitswelt

Manchmal werde ich von meinen Auftraggebern in Business-Coachings gefragt, warum »die Frauen« so wenig Karriere wollen. Darauf antworte ich mittlerweile recht deutlich: »Weil sie wenige Vorbilder haben und weil das, was wir bis heute unter Karriere verstehen, einfach nicht mehr attraktiv ist. Für Männer nicht und für Frauen erst recht nicht.« Da Männer Frauen über Jahrhunderte hinweg nicht als erwachsene Gegenüber auf Augenhöhe wahrnehmen konnten und Frauen untereinander den gleichen untergeordneten Status teilten, haben wir leider noch beklagenswert wenige wirklich zeitgemäße und attraktive Bilder von beruflich erfüllten und erfolgreichen Frauen und Männern, die voll und ganz Menschen in ihrer gesamten emotionalen und intellektuellen Bandbreite sind und die von beiden Geschlechtern als anziehend und nachahmenswert empfunden werden. Ich denke, wir alle haben eine besondere Verantwortung, genau solche Bilder von Männern wie von Frauen zu kreieren und mit Leben zu füllen, um die alten Denkblockaden, diese ungeheure Verkalkung in unserem Denken, zu überwinden und zukünftigen Generationen von Frauen und Männern den Weg in ein würdiges, aktives und erfülltes Arbeitsleben auf Augenhöhe zu ebnen. Es ist höchste Zeit, auch bei der Arbeit die Last des kollektiven Erbes in unseren Köpfen loszuwerden.

Die Last des kollektiven Erbes in der Führung

Viele Unternehmen suchen seit Jahren einen zeitgemäßen Begriff von Führung. Tatsächlich ist es geradezu bizarr, dass die militärischen Werte und Traditionen am meisten in der Wirtschaft und dort im Management überlebt haben. So kommt es, dass ich bei Offizieren der Kfor-Truppen, die ich vor einigen Jahren gecoacht habe, ein deutlich zeitgemäßeres Führungsverständnis angetroffen habe als bei Gründern und Managern der neuesten Hightech-Industrien. Wenn ich mit Führungskräften spreche, pflichten dem viele bei. Sie wissen ganz genau, dass Mitarbeiter heute anders behandelt werden müssen und die alten Formen von Zucht und Ordnung der Würde der freien Menschen von heute nicht angemessen sind. Niemand würde mehr offen sagen, dass er das Regiment von damals, in dem es in Büros und Werkstätten zuging wie in Kasernen, gutheißen würde. Und dennoch kommen in den Parallelwelten unseres Denkens, wenn es eng wird und der Stresspegel steigt, Phantasien aus Großvaters Zeiten hoch. Dann heißt es: »Vertrauen (ist) gut, Kontrolle (ist) besser« (ein Zitat, das dem Kommunisten und russischen Revolutionär Wladimir Lenin zugeschrieben wird). Dann braucht einer mal einen »Einlauf« oder eine »Ansage«. Für manche Führungskräfte ist es schon ein Fortschritt, es zuerst im Guten zu versuchen, dann aber »Klartext zu reden«, wenn etwas nicht sofort funktioniert. Klartext ist in den meisten Fällen eine euphemistische Umschreibung von abwertenden, persönlichen Äußerungen. Wer ehrlich ist, wird heute nicht mehr wirklich stolz auf diese Einstellung sein. Aber viele von uns wissen einfach noch nicht, wie eine wirksame Alternative aussehen könnte. Sie haben Angst, dass die Alternative nur eine kindliche Form von Anarchie sein könnte. »Wir haben uns alle lieb«-Attitüden oder falsch verstandene Mitarbeiterorientierung, die auf »Pampern« ausgerichtet ist, sind nur das andere Extrem von Eltern-Kind-Ebenen im Berufsleben. Was wir brauchen, sind klare erwachsene Formen, um miteinander Herausforderungen zu meistern. Menschliche Herausforderungen ebenso wie fachliche. Hier stehen wir, wie die Praxis zeigt, noch am Anfang. Kein Wunder, denn die Idee, dass sich bei der Arbeit menschlich gesehen grundsätzlich freie, gleichberechtigte Erwachsene auf Augenhöhe begegnen, ist eine wirkliche Innovation im Denken. Dass wir im MINDFUCK-Modus so schnell auf die Eltern-Kind-Ebenen abrutschen und wir täglich so viele eigenartige Dominanz- und Unterwerfungsgesten auch in den modernsten vollverglasten Loft-Etagen beobachten, darf uns deshalb nicht überraschen. Wir tragen nicht nur persönlichen, sondern auch jede Menge kollektiven Ballast in unseren Köpfen herum. Dass es auch in unserem Jahrhundert weiterhin fachliche Hierarchien und Verantwortungshierarchien im Management gibt, ist kein Hindernis für einen echten menschlichen Fortschritt. Es geht beim Systemwechsel in unserem Denken nicht um die Abschaffung aller Hierarchien. Es wird weiterhin erfahrenere Menschen mit mehr Kenntnissen, Verantwortungen und höheren Gehältern geben. Wie wir aber mit uns selbst und unserem Gegenüber in diesem Spannungsfeld umgehen, wird sich fundamental ändern, wenn wir die alten Codes der Selbstblockaden endlich knacken.

Mein Tipp für Führungskräfte: Sie sind weder der Boss auf der Sklavengaleere noch die Mutter der Kompanie, um in Bildern einer unschönen Vergangenheit zu sprechen. Niemand muss uns mehr dienen, und niemand ist mehr auf Gedeih und Verderb von uns abhängig. Es herrscht bürgerliche Freiheit zwischen Erwachsenen. Auch im Job. Sich daran zu erinnern, kann sehr entlastend sein. MINDFUCK-frei zu führen bedeutet, sich nicht mehr jedes Problem aufhalsen zu lassen und stattdessen sich selbst und andere als Erwachsene ernst zu nehmen. Probieren Sie es einmal bei schwierigen Gesprächen, wenn Widerstand kommt, den anderen wirklich ernst zu nehmen und gleichzeitig Ihre eigenen Bedürfnisse und Erwartungen ernst zu nehmen. Es entsteht dann eine Art Pattsituation im Gespräch, und das Schweigen, das dann entsteht, kann das produktivste Schweigen sein, dass Sie und Ihre Mitarbeiter je erlebt haben. Beide suchen dann gemeinsam nach Lösungen. Sie fangen an, zusammen statt gegeneinander zu arbeiten. Das ist zeitgemäße Zusammenarbeit im 21. Jahrhundert.

Weg mit dem kollektiven Ballast

Was können wir aus diesem kurzen Abriss für die Überwindung unserer eigenen Blockaden mitnehmen? Arbeit war und ist für Menschen immer eine sehr ambivalente Angelegenheit. Es geht um die Extreme der eigenen Existenz. Fassen wir all das zusammen, drängt sich die innere Welt der Unfreiheit geradezu auf, die wir exakt aus der Welt unserer Selbstblockaden kennen. Wir machen uns Angst, verleugnen uns selbst, bewerten uns und andere, hegen Misstrauen, setzen uns unter Druck, folgen überholten Regeln oder motivieren uns mit Zuckerbrot und Peitsche. All das brauchten unsere Vorfahren, um in ihrer Welt zu funktionieren. Wir alle sind, wenn wir uns selbst blockieren, innerlich in längst vergangenen Zeiten. Trotz umfassender Arbeitsrechte, gut funktionierender Sozialsysteme, einer an vielen Stellen durchaus fortschrittlichen Personalentwicklung und schier unzähligen Seminaren zu Kommunikation und Mitarbeiterführung spüren wir in der Parallelwelt unseres Denkens den dunklen Jahrhunderten vor uns immer noch nach. Vor allem dann, wenn Menschen oder Organisationen in der Krise sind, werden alle Codes, die unsere Vorfahren brauchten, um in einer tatsächlich schreiend ungerechten, menschenfeindlichen Arbeitswelt zu überleben, aktiviert. Das, was wir da im Kopf mit uns ausfechten, hat nichts mit Freiheit, Sinn und Lebensqualität zu tun. Und schon gar nicht mit echter, ehrlicher Leistung. Es ist ein mehrfaches Abrutschen in frühe Jahre unserer eigenen Biographie oder sogar in andere Jahrhunderte unserer Geschichte. Es ist das Denken für ein anderes, zum Glück und zu Recht untergegangenes System. Was heißt das konkret für Sie? Sie können sich innerlich einen großen Sprung nach vorne bewegen, wenn Ihnen die Reste der kollektiven Spuren im eigenen Denken bewusst sind. Es ist ein aufregender Akt der Selbstaufklärung, der uns viel mutiger und lebendiger in unsere Gegenwart und Zukunft blicken lässt.

Welche Geschichte hat die Arbeit in Ihrer Familie? Welche Berufe hatten Ihre Vorfahren? Wie werden sie wohl über Arbeit gedacht haben? Was bedeuten Erfolg oder Misserfolg im Beruf für Sie? An welchen Stellen konfrontieren Sie sich mit existenziellen Ängsten und Nöten, die vielleicht gar nicht mehr aktuell sind? Was dürfen Männer, was dürfen Frauen? An welchen Stellen wäre es eine echte Erleichterung, sich von eigenen einschränkenden Vorstellungen über sich selbst als Mann oder Frau zu verabschieden? Wann ist Erfolg heute für einen Mann oder eine Frau wirklich sexy? Wann ist beruflicher Erfolg für Sie wirklich attraktiv? Welches Leben möchten Sie führen, wenn Beruf, Erfolg und Lebensqualität wirklich zusammengehören?

Das familiäre und biographische Erbe verstehen

Die kollektiv erfahrenen Nöte der Vergangenheit sind ein immer noch lebendiges Reservoir für unsere innere Blockadewelt. Es gibt aber auch eine zweite, ganz individuelle Geschichte unserer Selbstblockaden. Erkenntnisse der Entwicklungspsychologie können uns hier wichtige Hinweise liefern. Kinder lernen nicht nur das, was man ihnen direkt sagt, sondern vor allem das, was ihnen die Erwachsenen vorleben. Der Psychologe Alfred Adler hat das Phänomen bereits in den zwanziger Jahren des letzten Jahrhunderts beschrieben: Schon als Kinder machen wir uns ein eigenes Bild von der Welt, in der wir leben. Wir beobachten aus unserer noch recht wenig selbstwirksamen Perspektive das Treiben der Erwachsenen und ziehen unsere Schlüsse daraus. Das betrifft nicht nur die Art, wie Mama und Papa mit uns und anderen umgehen, sondern auch, wie sie mit dem Thema Arbeit und Berufsleben umgehen. Hier geht es ans Eingemachte, denn aus dem, was wir da sehen, bilden wir uns unsere »private Logik«, wie Adler sie genannt hat, und diese Logik funktioniert unter Umständen wie ein Drehbuch, das wir, angereichert mit blockierenden Denkmustern, zur Aufführung bringen. Ganz zentral für das richtige Verständnis: Mit der privaten Logik ist der kindliche Blick auf die Erwachsenen gemeint. Es geht also nicht darum, wie sich Ihre Eltern *tatsächlich* aus dem Blickwinkel von Erwachsenen im Beruf verhalten haben, sondern darum, was Sie damals aus Ihrer sehr persönlichen, kindlichen Perspektive wahrgenommen haben und welche Schlüsse Sie daraus gezogen haben. Hier liegt ein wichtiger Schlüssel zu Ihrem Code, denn wahrscheinlich stammen aus dieser Zeit wichtige Leitsätze, die die Basis Ihrer persönlichen Blockadewelt bilden. Denn auch wenn wir alle kollektiv eine innere Störungssystematik kennen, hat jeder von uns, wie gesagt, dieses System mit eigenen Ansichten, Erfahrungen und Lehrsätzen gefüllt. Bevor wir den ersten Schritt ins Arbeitsleben gehen, haben wir schon viel mehr gesehen, gehört und uns selbst zurechtgelegt, als uns bewusst ist.

Sehen wir uns das einmal in der Praxis an. Erfahren Sie die Geschichten von drei Männern und drei Frauen, die von ihren Eltern mehr gelernt haben, als ihnen lieb war. Möglicherweise reflektieren Sie während des Lesens bereits ganz von selbst Ihre eigene Geschichte und erkennen Ihre ganz persönliche »private Logik« in puncto Beruf.

Drei Väter, drei Söhne

Chris hatte einen Vater, der vor allem durch Abwesenheit auffiel. Auf die Frage, wo Papa sei, antwortete die Mutter stets: »Papa geht für uns Geld verdienen.« Sie lächelte dann stolz und strich ihm über den Kopf. Chris vermisste seinen Vater sehr, spürte aber auch, dass ihm viel Achtung und Liebe entgegengebracht wurde, wenn er nach ausgedehnten Geschäftsreisen nach Hause kam. Weg zu sein und Geld verdienen waren also etwas Ehrenhaftes, das einem Anerkennung einbrachte. Möglicherweise sogar Pflicht war für einen Vater, der ein guter Vater sein wollte. Als Chris als erwachsenem Mann genau das vorgeworfen wurde, fiel er aus allen Wolken. Seine Frau und seine Kinder stellten sich gegen ihn. Er sei zu oft weg, sei gar nicht mehr »fassbar«, sei ein schlechter Vater und Ehemann. Eines Tages wartete niemand mehr auf ihn nach einer Geschäftsreise. Das Haus war leer, Frau und Kinder einfach verreist, ohne ihm etwas zu sagen. Es sollte ein Wachrütteln sein. Aber es verletzte ihn tief. Denn aus seiner Sicht hatte er doch alles richtig gemacht.

Rolf dagegen schämte sich immer für seinen Vater. »Ein Faulpelz, der meine Mutter im Stich gelassen hat«, berichtet er bitter. »Immer wenn ich von der Schule nach Hause kam, saß er vor dem Fernseher. Er war ständig krank, jammerte und beschwerte sich über andere. Nie war genug Geld da. Immer wurde um jeden Pfennig gestritten und diskutiert. Meine Mutter musste putzen gehen, um etwas dazuzuverdienen. Ich habe mir geschworen: Das passiert mir nicht. Niemals!« Rolf hat sich hochgearbeitet, er hat aus der beruflichen Schwäche seines Vaters ein Programm für sich selbst gemacht: Aufsteigen, weiterkommen, fleißig sein, eine Familie gut ernähren! Rolf ist Anfang fünfzig, als er mir das erzählt. Und er steckt in einer tiefen persönlichen Krise. Er hat sich zu viel zugemutet, muss kürzertreten. Und fällt innerlich in ein tiefes Loch. »Wenn du nichts leistest, bist du so ein Nichtsnutz wie dein Vater.« Das ist der Satz, der in ihm hochkommt. Eine Folge der privaten Logik, die er sich als Kind zurechtgelegt hat. Es braucht ein Stück Weg, bis Rolf seine alten Denkmuster zu diesem Thema überwunden hat. Dann erst ist er in der Lage, zum ersten Mal wirklich stolz auf sich zu sein. Er muss seinen Selbstwert und seine

Lebensqualität nicht mehr davon abhängig machen, ob er beruflich gerade voll durchstartet oder nicht.

Daniel wuchs dagegen mit einem Workaholic auf. »Mein Vater hat sich völlig kaputtgeschuftet. Der war als Mensch eigentlich gar nicht sichtbar. Er kam abends todmüde von der Arbeit und ging in aller Frühe wieder aus dem Haus. Am Wochenende hat er sich schlafen gelegt. Beim Essen war er missmutig oder saß stumpfsinnig herum. Er hat auch über nichts anderes gesprochen als die Arbeit. Als die Schulzeit vorbei war, habe ich Panik bekommen. So ein Leben will ich nicht haben, habe ich mir gesagt. Lieber aussteigen.« Daniel stieg aus. Landete zuerst als Jugendlicher in der Hausbesetzerszene, hangelte sich dann von Hilfsjob zu Hilfsjob und stellt sich nun mit Anfang dreißig zum ersten Mal einem echten Berufsleben. Der Satz, den er sich als Kind zurechtgelegt hatte, war: »Arbeit macht kaputt.« Aus dieser Perspektive erschien es tatsächlich logisch für ihn, sich von klassischen Arbeitsverhältnissen fernzuhalten. Erst viele Jahre später merkte er, dass er sich mit dieser Überzeugung schadete und sein persönliches Potenzial sabotierte. Doch dann wurden ihm im Coaching der Ursprung und – was noch wichtiger ist – seine ganz persönliche Blockadetechnik bewusst. »Arbeit macht kaputt« war der Regel-MINDFUCK, der gleichzeitig eine deutliche Katastrophen-Warnung enthielt. Werde bloß nicht wie dein Vater! Menschen, die ihm eine Ausbildung nahelegen wollten, zogen ganz natürlich sein Misstrauen auf sich. »Die wollen mich doch nur zerstören!« Und so war es ein Code aus Angst, kindlich gewonnenen Regeln und Misstrauen, die Daniels persönliche Abwärtsspirale prägten.

Väter, Mütter und Töchter

Isabel wuchs in einer traditionellen Familie auf. »Achte vor allem auf dein Aussehen, wenn du etwas erreichen willst, denn dann bekommst du einen guten Mann ab«, war die Botschaft, die sie vor allem von ihren weiblichen Verwandten hörte. Die Frauen in der Familie hatten wenig zu sagen, Männer gaben den Ton an und waren alle mit ihrer Arbeit beschäftigt. Wenn der Vater nach Hause kam, musste besonders Rücksicht genommen werden. »Der Papa braucht seine Ruhe. Der hat hart gearbeitet.« Wenn Kollegen des Vaters zu Besuch kamen, war das ganze Haus festlich geschmückt, und es wurde das beste Essen aufgetischt. Arbeit hatte etwas Heiliges. Etwas ganz Besonderes, während das Hausfrauendasein ihrer Mutter etwas lähmend Langweiliges und wenig Geachtetes ausstrahlte. Sie hatte »etwas erreicht« und einen »guten Mann abbekommen«. Aber: »Ich wollte niemals so enden«, sagt Isabel. »Ich wollte etwas aus meinem Leben machen und genau so ernst genommen werden wie mein Vater.« Als sie gute Noten nach Hause bringt, spricht der Vater das erlösende Wort: »Du bist ein gescheites Mädchen. Aus dir kann mal etwas werden. Wir schicken dich auf die höhere Schule.« Ab diesem Zeitpunkt wird Isabel zu Hause viel mehr respektiert. Man lässt ihr Ruhe für die Hausaufgaben. Sie lernt, dass man immer Rücksicht und Vorrang genießt, wenn es um die Arbeit geht. Im Kopf der kleinen Isabel bilden sich zwei Welten. Die Welt der Frauen, in der es um das Aussehen geht, wenn man etwas werden will. Und die Welt der Männer, in der es um Arbeit, Beruf und Leistung geht und in der man Ansehen, Rücksicht und Respekt erhält. Isabel lernt, dass sie immer Leistung bringen muss, um weiterhin ein Recht auf ein Berufsleben und damit Ansehen, Rücksicht und Respekt zu haben. Beruflicher Misserfolg, so »weiß« Isabel schon als Mädchen, würde bedeuten, zurückzumüssen in die Welt der Frauen, in der es vor allem darum geht, zu gefallen. »Nur durch die Arbeit giltst du was«, war der Satz, den sie sich als Kind zum Programm machte. Isabel ist Anfang vierzig, als sie mir diese Geschichte erzählt. Sie hat den Eindruck, nur noch zu funktionieren. Privatleben? Fehlanzeige. Alle Energie ist in den Beruf geflossen. Es geht ihr nicht unbedingt darum, eine Familie zu gründen, wohl aber darum, neben ihrem anspruchsvollen Berufsleben auch als Frau und Privatmensch vorzukommen im eigenen Leben.

Tamaras Eltern waren beide Lehrer. Ihr Vater ließ sich entnervt vom Lehrerdasein frühverrenten. Ihre Mutter »hielt die Stellung bis zum Schluss«, wie sie selbst über ihren Schuldienst sagte. Beide waren Lehrer geworden, weil das was »Anständiges und Sicheres« war. Bis zur Verrentung des Vaters war jeder Tag, der nicht in den Ferien lag, ein harter Tag. Er kam missmutig von der Schule, beklagte sich, prophezeite, dass der Schuldienst ihn frühzeitig ins Grab bringen würde. Die Mutter dagegen funktionierte weiter. »Muss ja«, sagte sie immer. Was Tamara früh lernte, war, dass Arbeit etwas Furchtbares ist, etwas Anstrengendes, das einen gesundheitlich und psychisch ruiniert, und etwas, das man trotzdem aus Sicherheitsgründen aushalten muss. Schließlich müsse ja Geld für ihre, Tamaras Zukunft, verdient werden. »Arbeit ist eine Strafe, und man muss sie für andere aushalten oder kaputtgehen«, war der Satz, den Tamara sich als Kind zurechtlegte. Kein Wunder, dass sie sich niemals fragte, was sie wirklich machen wollte, was ihren Fähigkeiten, Interessen und Talenten entsprach. Sie wurde stattdessen selbst Lehrerin. Und führte das Programm der Eltern und ihre kindlich geprägte private Logik fort: Regelhörigkeit, Angst und Selbstverleugnung. Als wir diese Muster gemeinsam entdecken und den Code knacken, entdeckt Tamara jenseits ihrer kindlichen Logik von damals ganz neue Perspektiven.

Und sie entdeckt die kreative, mutige und originelle Frau, die sie eigentlich ist, wenn sie sich nicht selbst blockiert. Eine Frau, die sogar am bisher verhassten Lehrerberuf Riesenspaß haben kann, wenn sie ihn so ausübt, wie er wirklich zu ihr passt.

MINDFUCK der zweiten Generation

Für Laura ist die Wahl des richtigen Jobs ein Buch mit sieben Siegeln. Sie nennt sich selbst »grundverwirrt« und einen »hoffnungslosen Fall«, wenn es um dieses Thema geht. Ihre Mutter ist Ärztin, ihr Vater Prokurist in einem großen Unternehmen. »Beide machen einfach. Sie sprechen nicht viel über den Beruf. Sie haben aber immer auf mich eingeredet, ich solle das machen, wozu ich Lust hätte.« Laura gehört zu einer jüngeren Generation. Ihre Eltern wollten ihr von klein auf alles ermöglichen. Ihre Kindheit war ein Programm aus zahlreichen »Activities«, wie es in der Familie hieß. Immer, wenn sie etwas Neues anfing, wurde sie gelobt. »Toll, dass du deine Interessen lebst, du machst das genau richtig.« Wenn sie die Lust an etwas verlor, hieß es: »Macht doch nichts. Dann ist das eben nicht deins.« Als Laura nach dem Abi keine Ahnung hat, welche Richtung sie einschlagen soll und in eine ernsthafte persönliche Krise gerät, verstehen die Eltern die Welt nicht mehr. »Aber wir haben dich doch alles machen lassen. So langsam müsstest du doch wissen, was wirklich ›deins‹ ist.« Lauras Logik, die sie sich früh angeeignet hat, lautet: »Alles ausprobieren ist gut, bei einer Sache bleiben ist schlecht«. Bei einer Sache zu bleiben, würde zu dem von den Eltern offensichtlich abgelehnten Hamsterrad führen. Doch da ist etwas mit diesem Hamsterrad, das mir im Gespräch auffällt. Immer wenn Laura von ihrer Mutter spricht, steigt ihr Energieniveau, da ist etwas wie Neugierde in ihren Augen. Ich experimentiere freiheraus und frage sie:

»Haben Sie schon mal daran gedacht, Ärztin zu werden?« Volltreffer. Laura sitzt geradezu geschockt vor mir. Sie wird rot wie ein verliebter Teenager und gesteht, während sie sich geradezu in ihrem Stuhl windet: »Ja, schon. Aber das geht doch nicht, oder?« Ihre Beobachtungen als Kind hatten sie zu dem Schluss gebracht, dass der Beruf der Eltern ein Tabu sei. »Es ist, als ob ich ihnen das nicht antun durfte, das Gleiche zu machen wie sie. Sie wollten so gerne, dass ich etwas Verrücktes, Einzigartiges aus meinem Leben mache. Aber das möchte ich gar nicht.« Laura ist zum Zeitpunkt unserer Begegnung noch jung genug, um mit ihren Eltern ein wichtiges Gespräch zu führen. Dabei passiert etwas für sie ganz und gar Unglaubliches: Die Eltern freuen sich über ihr Interesse an der Medizin. Die private Logik des Kindes war eben doch eine kindliche. Über diese Erfahrung mit Laura habe ich lange nachgedacht. Denn ich hatte den Eindruck, hier mit einem »MINDFUCK zweiter Generation« zu tun zu haben. Die Eltern von Laura wollten nicht, dass sich ihre Tochter ihretwegen gezwungen sah, Medizin oder BWL zu studieren. Das wiederum zeigten sie ihr in einer so unnatürlichen Form, dass genau diese beiden Fächer tabuisiert wurden. In dem Wunsch, die Tochter nicht zu beeinflussen und ihr alle Freiheit zu geben, nahmen sie ihr die Freiheit, den Beruf der Eltern in Erwägung zu ziehen. Ohne Zweifel: eine Blockadeform ganz neuer Generation.

Alle sechs Beispiele zeigen, wie uns unsere frühen Erfahrungen mit dem Thema Beruf, Arbeit und Erfolg bis ins Erwachsenenleben hinein prägen.

> *Wie war das bei Ihnen? Welche Bilder haben Sie im Kopf, wenn Sie an Ihre ersten Erfahrungen mit dem Thema Beruf und Arbeit denken? Wer oder was hat Sie geprägt? Versetzen Sie sich so gut wie möglich zurück*

in die Perspektive, die Sie als Kind hatten. Wenn Sie ein Interview mit sich selbst im Alter von zehn Jahren führen würden, was würden Sie antworten? Was ist Arbeit? Was bedeutet Beruf im Leben eines Erwachsenen? Was ist die Realität? Womit muss man rechnen? Worauf sich einstellen? Was ist wichtig? Wann hat man Erfolg? Was muss man dafür tun? Wenn Sie sich Ihre Antworten genau ansehen: Was davon ist ein blockierendes Denkmuster? Was löst es aus? Mit welchen MINDFUCKS sichern Sie ab, dass Sie weiterhin dieser »Wahrheit«, die nur ein kindliches Missverständnis ist, folgen?

Ganz wichtig ist bei diesen Erkenntnissen, dass Sie fair und menschlich großzügig mit sich umgehen. Mindestens ebenso wichtig ist, dass Sie nicht zulassen, dass diese frühen Muster und deren Erkenntnis für Sie eine neue Blockade werden nach dem Motto: Weil ich das als Kind so gelernt habe, komme ich davon nicht mehr weg. Aus meiner Erfahrung in vielen Coachings kann ich sicher sagen, dass kindliche Prägungen weit weniger stabil sind, als wir uns heute aus Missverständnissen alter psychologischer Theorien heraus denken. Gerade das Berufsleben ist ein Ort im Leben von Erwachsenen, in dem wir sehr schnell lernen und uns positiv verändern können. Vor allem deshalb, weil jede Abkehr von kindlichen Blockademustern fast unmittelbar mit neuen Erfahrungen und Erfolgen belohnt wird. Was auch immer Sie sich als Kind von den Erwachsenen an unguten Überzeugungen, Verhaltensweisen und Strategien abgeguckt haben: Sie können das jederzeit erkennen und bewusst überschreiben. Sie brauchen nur ein Quentchen Aufmerksamkeit dafür, wenn Sie wieder alten Mustern folgen sollten. Selbst dann, wenn Ihre Eltern alles andere als gute Vorbilder für ein erfülltes, erfolgreiches Berufsleben waren, haben Sie die Möglichkeit, Ihre eigene Geschichte neu zu schreiben. Die Intelligenz und kreative Kraft, die Sie bisher dafür verwendet haben, sich an vielen Stellen selbst zu blockieren, können Sie ebenso gut in konstruktive und produktive Bahnen für einen inneren und äußeren Neustart lenken.

Was das Berufsleben angeht, so halte ich die sehr frühen kindlichen Erfahrungen, die zum Beispiel in der Liebe sehr prägend sind, für weniger relevant. Den Job verbinden wir mit der äußeren Welt, die erst nach den allerersten Lebensjahren und vor allem ab der mittleren Kindheit wichtig wird.
Deshalb können sich aus meiner Erfahrung gerade im Beruf Blockaden auch noch später, nämlich im Erwachsenenalter, entwickeln. Immer wieder stelle ich jedoch fest, dass die erste Arbeitsstelle eine wichtige Quelle der Erfahrung ist, aus der wir viele weitere Überzeugungen ableiten. Ihre allerersten Kollegen und Vorgesetzten haben großen Einfluss darauf, wie Sie Arbeit wahrnehmen, welche Werte Sie ausgeprägt haben. Die Kultur, die am Arbeitsplatz herrscht, trägt viel zur Steuerung unseres Verhaltens bei. Eine Kultur, die von MINDFUCKS geprägt ist, wirkt sich auch auf unser Innenleben aus. Wir lernen in dieser Hinsicht schneller, als uns lieb sein könnte.

Jede Umgebung, in der Menschen zusammenarbeiten, hat ihre eigenen Gesetze, ihre eigenen Blockaden und eigenen MINDFUCKS. Gehen Sie jede Station Ihres Berufslebens durch, und suchen Sie nach der Grundregel, die in diesem Umfeld galt oder gilt.
Welche Stimmung herrscht? Mit welchem Verhalten würden Sie wirklich anecken?
Was ist absolut nicht erlaubt? Was wird jenseits dessen, was offen ausgesprochen wird, von jedem erwartet?

Was war Ihr erster richtiger Job? Wer war Ihr Vorgesetzter, Ihre Vorgesetzte?
Was haben Sie in dieser ersten Berufszeit über sich, die Arbeit und Erfolg gelernt?

Sie haben nun bereits eine ganze Sammlung von Quellen, aus denen Ihre blockierenden Denkmuster stammen. Lassen Sie uns rekapitulieren – diese Quellen können sein: die kollektiven Erfahrungen unserer Vorfahren, das Denken unserer Eltern, unsere eigene kindliche Perspektive auf das Arbeitsleben unserer Eltern und eigene Erfahrungen im Beruf. Alles Ursachen, die uns voll und ganz logisch erklären können, warum wir im Job so viele eigenartige Gedanken haben, die uns nicht weiterbringen. Die Logik einer anderen Zeit in unserem eigenen Leben oder einer anderen Zeit im Leben der Menschheit. Zum Glück gibt es ein Heute. Und eine Zukunft, die wir in die Hand nehmen können.

So knacken Sie den Blockadecode

Privatdetektiv in eigener Sache

Wenn Selbstblockaden eine eigene Denkwelt mit eigener Logik und Grammatik sind, dann können wir sie sicher erkennen und entschlüsseln. Meistens ist es nicht nur ein Muster, mit dem wir uns selbst blockieren, sondern mehrere Muster, die wie die Zahlenkombination eines Codes ineinandergreifen. Die Kombination Ihrer MINDFUCKS zu entdecken, ist also möglich und macht sogar Spaß, wenn Sie wie ein Privatdetektiv in eigener Sache vorgehen. Es ist eigentlich ganz einfach. Nehmen Sie sich ein berufliches Thema, bei dem Sie mit MINDFUCK zu tun haben. Dann schreiben Sie auf, was Sie genau denken, wenn Sie sich bei diesem Thema blockieren. Es werden sicherlich mehrere Argumente sein, die dafür sorgen, dass Sie nicht weiterkommen. Nehmen Sie es so locker und sportlich wie möglich. Einfach ran an die Sache! Papier und Stift zur Hand? Ich gebe Ihnen ein Beispiel:

Marion ist mit Leib und Seele Sozialarbeiterin. In der Nachbarstadt ist eine Leitungsstelle ausgeschrieben. Sie kommt ins Coaching, weil sie zum wiederholten Mal zögert, die Chance auf ihren nächsten Karriereschritt zu ergreifen. Was denkt sie, wenn sie die Ausschreibung ihrer Traumstelle sieht? »Da hast du doch eh keine Chance!«, ist der erste Gedanke. Misstrauens-MINDFUCK aus dem Eltern-Ich heraus mit einer sehr abwertenden Note (Du doch nicht!). Dann denkt sie: »Es gibt doch viel Bessere als dich!« Bewertungs-MINDFUCK, ebenfalls aus dem Eltern-Ich heraus. Und als Letztes denkt sie: »Du hast doch schon einen guten Job. Andere brauchen ihn viel dringender als du.« Selbstverleugnung, ebenfalls aus dem Eltern-Ich heraus. Sie soll sich mal zufriedengeben mit dem, was sie hat, und an die anderen statt an sich denken. Ihr Blockadecode sieht bei diesem Thema so aus: Misstrauen – Bewertung – Selbstverleugnung. Die Folgen sind eindeutig und sehr gut nachvollziehbar. Sie handelt nicht. Sie ist blockiert. Sie unterdrückt ihre Karriereinteressen und bewirbt sich nicht.

Probieren Sie es nun selbst. Nehmen Sie sich ein Thema aus Ihrer inneren Liste vor, bei dem Sie wirklich weiterkommen wollen. Notieren Sie sich die Sätze und Überzeugungen, die Sie gewöhnlich zu sich sagen, wenn Sie an das Thema denken. Schauen Sie, welche MINDFUCKS im Spiel sind, und notieren Sie die genaue Abfolge. Das ist dann Ihr persönlicher Blockadecode bei diesem Thema. In welcher Ich-Haltung sind Sie dann, wenn der Code zuschnappt (Eltern-/Kind-Ich)? Gehen Sie wie bei einem spannenden Rätsel an die Sache heran. Es ist aufregend und macht Spaß. Sie werden, wenn Sie das öfter machen, bald richtig virtuos im Erkennen der Blockadecodes sein. Und das gibt Ihnen sofort das gute Gefühl, dass Sie verstehen, was passiert, dass Sie der Sache nicht ausgeliefert sind, sondern die Logik verstehen und aushebeln können.

Beachten Sie, dass unterschiedlich viele MINDFUCKS zu einem Code gehören können. Es kann nur einer oder es können auch alle sieben sein. Da auch zweimal der gleiche MINDFUCK hintereinander auftauchen kann, gibt es die Möglichkeit, mehr als sieben MINDFUCKS im Spiel zu haben. Es gibt, wie ich bereits erwähnt habe, faktisch unzählige Kombinationsmöglichkeiten. Vollständig erkannt ist der Code erst dann, wenn alles gesagt ist, das Sie zu Stagnation, schlechten Gefühlen, Handlungsstopps oder zum Funktionieren im altbekannten Muster bringt. Fragen Sie sich also immer wieder: »Gibt es noch etwas, das ich in diesem Zusammenhang denke und glaube?« Egal, wie viele MINDFUCKS Ihre Codes enthalten, es gibt keinen Grund, den Mut zu verlieren! Sehen Sie es besser so: Wenn es viele MINDFUCKS sind, warten besonders viele Entfaltungs- und Wachstumsimpulse darauf, von Ihnen erkannt und gelebt zu werden. Denn Ihr alter Innerer Kompass will Sie vor den Erfahrungen schützen, die Sie wirklich Ihr volles Potenzial entfalten lässt. Je mehr MINDFUCKS in einem Thema enthalten sind, desto größer ist das Potenzial, das dahinter darauf wartet. Logisch, denn das alte Sicherheitssystem muss nur da alle Geschütze auffahren, wo wirklich etwas Lebensveränderndes auf Sie warten würde. Je mehr Sie bislang mit Blockaden zu tun haben, desto steiler wird Ihre Entwicklungskurve sein. Sie werden Ihr Berufsleben von Grund auf neu kennenlernen und sehen, was wirklich möglich ist. Ist das nicht eine gute Aussicht? Manchmal hilft es auch, einfach mal über all die Anstrengungen zu lachen, die wir unternehmen, um uns vor etwas zu schützen, das wir doch eigentlich wirklich wollen.

Kommen wir nun zum Codeknacken. Ich habe Ihnen angekündigt, dass hinter jedem MINDFUCK der Mensch wartet, der Sie wirklich sind. Hinter jeder Blockade verbirgt sich eine natürliche Eigenschaft, ein natürlicher Impuls oder ein natürlicher Gedanke, den Sie haben, wenn Sie sich nicht selbst blockieren.

Unsere natürliche Haltung hinter den Blockaden

Ich hatte bereits erwähnt, dass die Sprache der Potenzialentfaltung die eigentliche Muttersprache aller Menschen ist. Sie kommt aus einer Haltung, die ich als »natürliche humane

Grundhaltung« bezeichne. Die natürliche humane Grundhaltung ist die Gesamtheit der konstruktiven, dem Leben zugewandten Einstellungen, Überzeugungen und Sichtweisen, die wir einnehmen, wenn wir in den Modus der Potenzialentfaltung wechseln. Die natürliche humane Grundhaltung können Sie im Kern sehr gut bei Kindern zwischen vier und sechs Jahren beobachten, die noch so jung sind, dass sie sich noch nicht selbst blockieren. Sie haben die heftigsten Kämpfe ihrer Ich-Werdung schon hinter sich (z. B. die sogenannte Trotzphase), sind aber noch nicht in der Lage, sich stetig selbst zu hinterfragen und zu kontrollieren. Sie leben einfach aus sich heraus, weil sie gar nicht anders können. Sie verbinden noch nicht jedes Erleben damit, ob sie es dürfen und wie es auf andere wirken könnte. Sie spielen einfach und leben ihre natürliche Neugierde voll aus, wenn sie nicht durch irgendwelche Autoritätspersonen massiv daran gehindert werden. Sie lernen in dieser Zeit enorm schnell und haben gleichzeitig schon ein Gefühl dafür, dass sie als eigener Mensch auf der Welt sind. Spielen wird so als ungeheuer intensiv und lebendig erlebt, und es bringt immer neue spannende Gefühle und Erkenntnisse. Nun ist es sicherlich nicht unser Ziel, in den Zustand eines vier- bis sechsjährigen Kindes zurückzufallen. Doch im Zustand der Potenzialentfaltung teilen Kinder und Erwachsene, die sich nicht mehr selbst blockieren, etwas sehr Wichtiges: Ich nenne es die Selbstgewissheit, einfach aus sich heraus zu leben und sich für die Umwelt zu interessieren. Wir sind dann offen und neugierig. In diesem Zustand gibt es eine ganz bestimmte Frage, die so viele Erwachsene heute beschäftigt, gar nicht mehr: die Frage nach dem Selbstwertgefühl. Sie ist weg. Verschwunden. Wir fragen uns nicht, ob wir wertvoll und gut genug sind, sondern wir sind einfach. Existieren, atmen, interessieren uns. Nur nicht mehr dafür, ob wir das dürfen oder nicht. Der gordische Knoten der Selbstwertthematik lässt sich aus meiner Sicht also auf eine revolutionär einfache Weise lösen. Indem wir die Frage nicht mehr stellen, sondern uns auf unser Interesse am Außen, am Leben, am intensiven Erleben konzentrieren. Das können wir dann am besten, wenn wir unsere Blockaden beenden. Wenn wir blockadefrei denken, nutzen wir unser mächtiges Gehirn dafür, uns zu öffnen und ein besseres Leben für uns und andere zu erschaffen. Unser natürlicher Modus, der nicht mehr auf Not und Mangel ausgerichtet ist, orientiert sich dann an Lebensqualität statt an Sicherheit und Kontrolle. Menschen im natürlichen Modus der Potenzialentfaltung sind neugierig und offen. In der natürlichen humanen Grundhaltung sind wir ganz von selbst aufgeschlossen, mutig und unerschrocken. Wir sind originell und individuell, können wunderbar mit anderen zusammenarbeiten, ohne uns selbst dabei zu verlieren. Wir sind bewertungsfrei, aufmerksam, verfügen über eine sensible, großzügige und breite Wahrnehmungsfähigkeit, ein sicheres Unterscheidungsvermögen und eine klare Urteilskraft. Wir leisten hervorragend und nachhaltig und haben ein Gefühl für unsere Kräfte und unser eigenes Timing. Einfach, weil es uns Freude macht. Wir sind kreativ und phantasievoll. Wir interessieren uns von Natur aus für andere Menschen, sind uns unserer selbst so gewiss, dass wir gar nicht darüber nachdenken, und sind aus dieser Haltung heraus in der Lage, immer wieder auf andere Menschen zuzugehen, uns selbst und anderen Vertrauen zu schenken, es aufzubauen, zu verdienen und zu halten. Unsere sensible Wahrnehmungsfähigkeit lässt uns hellwach bemerken, was passiert, und selbstwirksam reagieren, wenn es sein muss. Wir verfügen über eine starke innere Motivation und einen sicheren Realitätsbezug. Wir sind offen, balanciert und selbstwirksam. Erwachsene Menschen sind im Modus der Potenzialentfaltung innerlich und äußerlich erwachsen. Sie sind im Vollbesitz ihrer menschlichen

Kräfte, Talente und Fähigkeiten. Und bauen diese ganz natürlich weiter aus.

Mein Tipp für Sie: Lassen Sie sich am besten voll auf die Atmosphäre ein, die jeder Entfaltungsimpuls auslöst. Lassen Sie ihn wirklich an sich heran. Ein Berufsleben im Modus der Potenzialentfaltung fühlt sich aufregend, spannend und angenehm an. Es stärkt. Es macht gute Laune. Es macht Spaß.

Gehen wir nun die einzelnen Entfaltungsimpulse durch:

1. Neugierde, Mut und Unerschrockenheit
Hinter dem Katastrophen-MINDFUCK warten Neugierde, Mut und Unerschrockenheit. Statt uns Angst zu machen, gehen wir mutig auf die Menschen und Dinge zu, die wir uns bislang mit selbstgebastelter Angst vom Leib gehalten haben. Sie haben in jedem Moment die Möglichkeit und die Wahl, ob Sie Angst haben, sich verrückt machen oder mutig sind. Nur dann, wenn Ihr Leben wirklich – wirklich – unmittelbar bedroht wäre, würde Ihr limbisches System im Gehirn die Regie übernehmen. Aber seien wir ehrlich: Wie oft passiert uns das im Leben? Angst ist in den meisten Fällen kunstvoll ausgeklügelte selbstgemachte Phantasie. Sie können darauf verzichten.
Im Job führen Neugierde, Mut und Unerschrockenheit zu sehr positiven Fähigkeiten. Fähigkeiten, die ein echter Karriereturbo für jeden Menschen sind. Sie sind dann:

- interessiert und konzentriert
- offen und neugierig, wenn es um etwas Neues geht.
- Sie haben einen ausgeprägten Forschergeist, eine Haltung des Verstehenwollens und Spaß am Lösen von Aufgaben, die mit dem Neuen verbunden sind.

- Ihre Kreativität ist geradezu entfesselt. Ihr Gehirn zieht Querverbindungen, knobelt, entwirft und entwickelt. Es sucht nach Lösungen. Motivationshormone überfluten Ihr Gehirn. Es fühlt sich gut an. Es befriedigt Sie. Sie sind auf der Höhe Ihrer geistigen und emotionalen Fähigkeiten. Sie haben Ideen und sind innovativ.
- Sie haben die Kraft, Dinge anzugehen und auch gegen Widerstände durchzusetzen.

Wenn Sie also dabei sind, sich Existenzverluste und andere Katastrophen auszumalen, rufen Sie sich innerlich »Stopp!« zu oder sprechen Sie das Wort laut aus, wenn es die Situation hergibt. Wollen Sie das? Brauchen Sie das noch? Oder können Sie erwachsen und mutig an die Sache herangehen? Es gibt weniges, das sich so gut anfühlt wie die Wiederentdeckung des Mutes im eigenen Leben. Sobald Sie Mut zeigen, wird sich auch das Leben von einer neuen Seite zeigen. Beruflich wie privat. Ihr Chef, Ihre Kollegen, Ihre Mitarbeiter, Ihre Auftraggeber und Ihre Kunden: Alle werden es Ihnen danken und viel mehr Spaß und Motivation in der Zusammenarbeit mit Ihnen erleben.

2. *Individualität, Originalität und die Fähigkeit, zu kooperieren, ohne sich zu verlieren*

Hinter der Selbstverleugnung wartet der selbstgewisse Mensch, der Sie eigentlich sind. Sie fragen sich dann nicht, ob Sie dürfen, ob Sie dran sind oder wen Sie um Erlaubnis fragen müssen, sondern leben einfach selbstgewiss aus sich heraus. Selbstgewissheit ist übrigens keine aggressive Form der Selbstbehauptung oder des überspannten Selbstbewusstseins, wie wir es häufig in der Ratgeberliteratur empfohlen bekommen. Selbstgewissheit ist einfach, was sie ist: selbstgewiss. Nicht überheblich, nicht arrogant, nicht aufdringlich. Das Wissen, das wir ausstrahlen, ist nicht mehr als: Ich bin. Ich

lebe. Und das ist auch gut so. Und das nehmen Sie ganz natürlich an, wenn Sie sich nicht mit allerhand kunstvollen Selbstblockaden stören. Sie machen einfach. Sie sagen einfach. Sie nehmen sich, wovon Sie wissen, dass es Ihnen wirklich wichtig ist. Sie beanspruchen, wie jeder Mensch, das, was Sie brauchen, und stellen das auch nicht in Frage. So wie jeder andere auch das anstreben und verfolgen darf, was er braucht. Was Ihnen bei anderen sonnenklar ist, gilt jetzt auch für Sie. In dem Moment, in dem Sie sich nicht mehr dauernd in Frage stellen, kommt etwas ganz Wunderbares zum Vorschein: Ihre einzigartige Individualität und Originalität. Sie sind alles, nur eines nicht: nullachtfünfzehn. Sie sind ein hochindividueller Mensch, haben manchmal sehr eigene Ideen, die auch nicht jeder gut finden muss. Aber Sie tragen mit Ihrer ganz eigenen Farbe zur Buntheit des Lebens bei. Und genau das ist richtig, wenn wir die Blockadewelt nicht mehr gelten lassen. Weil Sie selbstgewiss sind, können Sie auch andere so lassen, wie sie sind. Es macht Freude, mit Ihnen zusammenzuarbeiten. Sie können auch die Individualität und Originalität anderer Menschen stehen lassen und freuen sich sogar darüber.
Was Ihnen das im Job konkret bringt? Sich selbst als der individuelle und originelle Mensch zu respektieren, der Sie in Wirklichkeit sind, führt auf vielen Ebenen zu enormen Verbesserungen Ihrer Arbeits- und Lebensqualität.

- Sie bringen Ihre ganz besonderen Fähigkeiten und Ideen voll ein und nutzen damit dem Gesamtsystem, in dem Sie arbeiten.
- Sie fühlen sich wohl und ganz natürlich sicher, wenn Sie mit anderen zu tun haben.
- Sie können ganz von selbst, intuitiv entscheiden, wann Sie bei anderen und deren Ideen mitgehen und wann es wichtig ist, für die eigenen Ideen und Belange zu werben und einzutreten.

- Sie gestalten mit, statt nur auszuführen, Sie sind ein wichtiger Teil des Ganzen.
- Es macht viel mehr Freude, mit Ihnen zusammenzuarbeiten, weil Sie ein echtes Gegenüber mit eigenen Ideen, Gedanken, Gefühlen und Inspirationen sind.
- Sie nehmen andere ernst, ohne sich selbst zu verlieren. Sie unterdrücken weder Ihre eigene noch die Individualität von anderen Menschen.
- Sie wirken dadurch auf andere stärker und stärken damit das Gesamtsystem, in dem Sie arbeiten.
- Als Führungskraft können Sie endlich andere produktiv und professionell für sich und das Unternehmen, das Projekt, die Organisation oder die große Idee arbeiten lassen. Sie können annehmen, schätzen, was andere für Sie tun.
- Sie haben ganz von selbst den Mut, anderen offenes, ernsthaftes Feedback zu geben.
- Sie können mit Feedback gut umgehen. Sie nutzen es für sich, Ihre beruflichen Ziele und Ihre Lernfortschritte, statt sich davon verunsichern oder demotivieren zu lassen.
- Sie werden nicht mehr übergangen oder abgespeist, sondern erhalten die jedem Menschen angemessene Aufmerksamkeit, den Respekt und die Anerkennung, die Ihre Arbeit wert ist.
- Sie sind in der Lage, Konflikte produktiv auszutragen. Sie müssen nicht *immer* gewinnen, aber Sie können ebenso wie andere auch mal gewinnen.
- Sie verdienen endlich, was Sie verdienen.

3. Großzügigkeit mit sich und anderen, bewertungsfreie Aufmerksamkeit, offene Wahrnehmung und gesundes Urteilsvermögen

Es ist ein kleines humanes Wunder, wozu wir hinter der notorischen Bewertungs-Blockade eigentlich fähig sind. Hinter dem Bewertungs-MINDFUCK warten echte, menschliche

Großzügigkeit, bewertungsfreie Aufmerksamkeit, Offenheit, sensible Wahrnehmung und ein faires, differenziertes Urteilsvermögen. Statt ständig Soll-Ist-Abgleiche durchzuführen und überall verrückte Perfektions- und Idealmaßstäbe anzulegen, sehen wir uns die Dinge ruhig und konzentriert an. Wir sehen noch viel mehr, weil wir uns wirklich öffnen. Wir nehmen Themen und Menschen gegenüber grundsätzlich eine konstruktive Haltung ein, sind neugierig und offen. Wenn wir alles einbeziehen, was wir wahrnehmen, und wirklich bewertungsfrei sind, werden wir sehen, was wirklich los ist. Wo vielleicht noch etwas dazukommen muss. Aber wir nehmen es uns nicht übel, wenn noch etwas fehlt oder einfach noch nicht optimal ist. Ein Optimum ist etwas Schönes, ohne Frage. Es ist ein Zustand, der Menschen sehr befriedigen kann. Ich halte es für einen natürlichen Zug, dass wir die Dinge möglichst vollenden wollen, das ist ein Vektor unserer Kreativität. Wir sind dann glücklich und zufrieden, wenn alles rund ist, wenn es vollständig ist. Dazu haben wir ein ganz natürliches, gesundes Urteilsvermögen. Wir freuen uns daran und wenden uns dann neuen Projekten zu. Einfach so. Doch die Last der Dauerbewertung und Kritik hat nichts mit der Freude am Optimum zu tun. Sie ist einfach nur MINDFUCK. Mit Offenheit, sensibler Wahrnehmung und einer grundmenschlichen Großzügigkeit uns selbst und anderen gegenüber kommen wir viel weiter und erreichen müheloser außerordentliche Stufen an Qualität. Qualität ist dann kein angestrengtes, herausgepresstes Muss, sondern etwas, das Sie wollen, weil es Ihnen Freude macht, Spaß macht, Ihnen gefällt und Sie befriedigt. Und es ist etwas, das Sie wirklich spüren, wenn es erreicht ist. Perfektionismus macht dagegen niemals glücklich. Er ist ja eine Pflicht zur Perfektion und keine Kunst der Vollendung, die wir uns mit Engagement und Herzblut erarbeitet haben. Wenn etwas wirklich großartig gelaufen ist und Sie es aus Ihrem natürlichen Wunsch nach Qualität und

Vollendung getan haben, dann wird Sie diese Leistung wirklich erfüllen. Sie wird Sie ein Stück wachsen und nicht hektisch zum nächsten Thema übergehen lassen. Sie werden Ihre Erfolge und Leistungen dann genießen und zelebrieren. Wunderbar!
Im Job hat das eklatante Auswirkungen:

- Es macht Spaß, mit einem Menschen wie Ihnen zusammenzuarbeiten, der gleichzeitig menschlich, großzügig, wahrnehmungsstark und vor allem fair ist.
- Man sucht Ihre Meinung und Ihren Rat. Auf Ihr gesundes, konstruktives Urteilsvermögen ist Verlass.
- Sie setzen sich nicht mehr unter Druck, sondern machen sich neugierig auf die Reise nach der Qualität, die Sie erleben möchten.
- Sie sind großzügiger mit sich, wenn Sie Fehler machen. Dadurch erlauben Sie sich, viel mehr und schneller zu lernen.
- Andere können mit Ihnen gemeinsam lernen. Sie öffnen sich und haben keine Angst mehr vor Ihnen.
- Sie vertrauen sich selbst, und man vertraut Ihnen.
- Sie packen die Themen an, die Sie jenseits der Meinungen anderer für richtig und interessant halten.
- Sie fühlen sich wohler mit sich selbst, messen sich nicht mehr an Perfektionsansprüchen und sehen sehr genau, was Sie schon erreicht haben und können und wo Sie sich noch weiterentwickeln möchten.
- Ihr eigentlich natürlicher Realitätssinn gibt Ihnen die Möglichkeit, Verbesserungen realistisch anzugehen, statt alles mit der Brechstange zu erzwingen.

4. Achtsamkeit mit den eigenen Ressourcen, hohe Wirksamkeit im eigenen Timing

Hinter dem Druckmacher-MINDFUCK wartet der ungeheuer selbstwirksame Mensch, der Sie sind. Und der achtet ganz natürlich auf seine Ressourcen, merkt, wenn noch Luft und Energie da sind, und merkt auch, wenn es Zeit ist für Pausen und Regeneration. Sie wissen, Sie sind ein Lebewesen, ein hochfiligranes Werk der Natur. Unsere Energieverläufe sind zyklisch und folgen Rhythmen und keinen idealtypisch linearen Verläufen, wie sie für gut funktionierende Maschinen gelten. Wenn wir unser eigenes Potenzial voll entfalten wollen, müssen wir einfach zulassen, genau das wahrzunehmen und uns danach zu richten, was wir wirklich brauchen, um ein optimales individuelles Leistungsniveau zu erreichen. Der Anfang ist aber erst dann gemacht, wenn wir innere Druckstrategien beenden und dahinter unsere phantastische Fähigkeit wiederentdecken, die Energiekurven unseres Körpers und Geistes wahrzunehmen und vor allem ernst zu nehmen. Sie arbeiten dann nicht mehr in die Müdigkeit hinein, sondern nutzen die hellwachen, klaren Phasen, um sich voll und ganz zu konzentrieren. Sie haben, wenn Sie sich nicht dabei stören, ein ganz natürliches Gespür für Ihre Rhythmen, für Ihre Leistungskurven und für Ihr ganz persönliches Timing. Dadurch können sich Ihre Motivation und Ihre Entdeckerlust frei entfalten. Sie können sich auch die großen Brocken vornehmen und sich stetig, klar und individuell Dinge erarbeiten, die Sie vorher, als Sie sich noch mit Druck getreten haben, gar nicht für möglich gehalten hätten. Es ist eine große innere Freiheit, die sich endlich wieder in Ihnen öffnet und zeigt. Das fühlt sich phantastisch an. Es ist nichts anderes als Ihre ganz natürliche Selbstwirksamkeit, Ihre Fähigkeit zu entscheiden, zu handeln, zu tun. Für Ihre berufliche Entfaltung heißt das:

- Sie leisten langfristig auf hohem Niveau.
- Sie kümmern sich um sich selbst.
- Sie achten auf sich selbst.
- Sie sind wirklich selbstwirksam.
- Sie übernehmen Verantwortung für Ihre psychische und physische Gesundheit.
- Sie können nein sagen, wenn das wichtig ist, und auch ja sagen, wenn Sie es wollen und verantworten können.
- Sie sind jemand, der sich auf hohem Niveau selbst steuern kann.
- Sie sind Ihr eigener Energie-Coach. Sie wissen, wie Sie effizient mit Ihren Energien haushalten können, um Ihre Lebensfreude und Leistungsfähigkeit zu erhalten.
- Sie achten Kollegen, Chefs, Mitarbeiter und andere Menschen in Ihrem Umfeld als Lebewesen, die ebenfalls eigene Leistungskurven haben und auch auf sich achten dürfen.
- Man arbeitet gerne mit Ihnen zusammen. Weil hier viel passiert, viel bewegt wird und man dauerhaft motiviert und leistungsfähig bleibt.

5. *Neugierde, Kreativität, Phantasie*

Hinter dem Regel-MINDFUCK warten natürliche Neugierde, natürliche Kreativität und Phantasie. Wir fragen uns dann: Wie kann ich etwas mit einem frischen Ansatz angehen? Wie kann ich es noch machen? Diese Fragen kommen aus einer natürlichen Haltung starken Interesses, offener Neugierde, Spaß am Kombinieren und Kreieren. Das hat übrigens nichts mit Kreativitätstechniken zu tun. Techniken folgen der Kreativität. Kreativität ist hier gemeint als Fähigkeit zur Phantasie, zum freien Spiel der Ideen. So sind wir, wenn wir uns nicht blockieren. Wir haben Freude an Neuem, am Ungewohnten, an der Abwechslung, an der Freiheit, die Dinge so und auch anders zu tun. Wir haben Spaß daran, zu experimentieren, neue Lösungen zu finden und andere mit

unseren Entdeckungen zu überraschen. Bei Veränderungen im Job klammern wir uns nicht mehr an das Gewohnte, das womöglich einfach nicht mehr trägt, sondern fragen interessiert: Was passiert hier? Was daran ist spannend? Was werde ich daraus machen? Wie wird für mich eine Chance daraus? Diese Art von Neugierde ist weit entfernt von einer Übermotivation. Es ist eher die Lust am Erfahren und Kreieren, wie sie auch Forscher oder Künstler kennen. Jeder von uns kann diese Haltung jederzeit einnehmen, selbst dann, wenn wir es bisher nicht gewohnt waren. Es ist eine wunderbare Erfahrung, Herz, Gefühl und Verstand beim Arbeiten zu erleben. Als ich einmal vor einer Runde von Ingenieuren zu diesem Thema sprach, sah ich zunächst in verdutzte Gesichter. »Wir und kreativ?«, fragte mich ein Ingenieur. Ich bat ihn, sich zu fragen, was ihn als Junge interessiert habe, wie er überhaupt darauf gekommen sei, dass das Ingenieurswesen etwas für ihn sein könnte. Da erinnerte er sich an seine jungen Jahre, als er so gerne mit Fischertechnik spielte: »Ich habe die verrücktesten Fahrzeuge gebaut, immer experimentiert und gebastelt.« Keine Frage, auch wenn wir von Berufs wegen Experten für Regeln sind, sind wir als Menschen individuelle Wunder der Kreativität. Unser Gehirn kann gar nicht anders. Jetzt ist die Zeit gekommen, die Kreativität für unsere Potenzialentfaltung im Job wiederzuentdecken!
Was Sie im Job erleben werden, wenn Sie statt Regel-MINDFUCK Phantasie und Kreativität zum Einsatz bringen:

- Sie befreien sich von einem sehr engen, unangenehmen Korsett und spüren dahinter das volle Leben.
- Sie werden sich wieder etwas zutrauen, Lust auf Neues bekommen und sich nicht einfach alles verbieten, weil es gegen irgendeine verrückte Regel verstoßen könnte.
- Sie werden Ihre ureigene Innovationskraft entdecken und einbringen.

- Sie werden völlig neue, erfreuliche Lösungen für alte Probleme finden.
- Sie werden auch an bisherigen Routinen wieder Spaß bekommen.
- Es macht Freude, mit Ihnen zu arbeiten, weil Sie offen und neugierig an die Dinge herangehen und auch andere ermuntern, frisch und kreativ zu denken.

6. Selbstvertrauen, Zutrauen, Vertrauensfähigkeit

Hinter dem Misstrauens-MINDFUCK steht ein ganz natürliches Vertrauen und Zutrauen in uns selbst und in andere. Wir stellen uns dann nicht in Frage, sondern trauen uns etwas zu, ermuntern uns, uns auszuprobieren und neue Erfahrungen zu machen. Wir stehen nicht mehr in der Ecke und machen uns klein und haben auch kein Interesse mehr daran, anderen zu unterstellen, sie seien unfähig oder nicht vertrauenswürdig. Das Aggressionspotenzial gegen sich selbst und andere nimmt ab, wir werden offene, friedliche Zeitgenossen. Das bringt eine Menge Lebendigkeit, wo vorher übertriebene Vorsicht, Ängstlichkeit und große Einfallstore für andere MINDFUCKS wie Katastrophen, Angst oder Bewertung bestanden. Wir können endlich voll entfaltete Profis in unserem Berufsleben sein. Als erwachsene Menschen wissen wir, dass wir uns und jedem anderen Menschen einiges zutrauen dürfen, dass wir uns schädigen und schlecht behandeln, wenn wir uns selbst nicht vertrauen und Chancen absprechen. Mit sich selbst in einem echten Vertrauensverhältnis zu leben und nichts anderes mehr zu akzeptieren, ist eine der schönsten und größten Erfahrungen, die es gibt. Man ist, wie der Philosoph Wilhelm Schmid empfiehlt, endlich mit sich selbst befreundet. Im Job sind Vertrauen und Zutrauen in sich selbst und andere zwei der wichtigsten Schlüsselfähigkeiten für gelungene Kooperation. Wir können unser Potenzial und das von anderen Menschen niemals entfalten und gemeinsam nutzen, wenn wir nicht vertrauen und zu wenig Zutrauen in unsere Lern- und Leistungsmöglichkeiten haben. Im Entfaltungsmodus gehen wir auf andere zu, nehmen aufmerksam wahr und werfen einen zutrauenden Blick auf die Menschen, mit denen wir zusammenarbeiten. Interessant ist, dass sich dadurch ein viel größeres Gefühl von Sicherheit einstellt als mit Misstrauen, das wir häufig für eine gute Vorsichtsmaßnahme halten. Es fühlt sich selbstgewiss, sicher und lebendig an, eine Haltung von Vertrauen und Zutrauen einzunehmen. Wir öffnen uns automatisch dem Leben. Haben Sie schon einmal einen Hund beobachtet, der Gassi geführt wird? Das ist reines Interesse, reine Neugierde. An jeder Hausecke, an jedem Baum heißt es: Interessant, wer war da? Andere Hunde werden neugierig in Augenschein genommen. Manchmal sind sie sympathisch, manchmal weniger. Macht aber nichts. An der nächsten Ecke wartet ja schon die nächste spannende Begegnung! Kleine Kinder sind ebenso neugierig, denn in ihrem Alter blockieren sie sich noch nicht. Schauen Sie sich einmal an, wie sich Drei- oder Vierjährige begegnen. Sie gehen instinktiv aufeinander zu, wollen wissen, wer der andere ist und ob man vielleicht miteinander spielen kann. Im Erwachsenen-Ich im Job steht die Frage im Raum, was man miteinander anpacken, lösen, bewegen kann. Nehmen wir eine einladende MINDFUCK-freie Haltung ein, die unsere eigene Wirksamkeit durch andere vervielfältigt. Niemand hindert uns daran, uns deutlich abzugrenzen, wenn das natürliche Vertrauen durch echte Erfahrungen erschüttert wird. Als Erwachsene können wir im MINDFUCK-freien Zustand sehr genau wahrnehmen und Feedback geben.

Im Job gibt Ihnen das einen wahren Entwicklungsschub. Sie sorgen für beste innere und äußere Voraussetzungen:

- Sie trauen sich mehr zu, packen Chancen bei den Hörnern, statt zu zaudern.
- Sie nehmen Ihre Träume und auch die großen Vorhaben endlich ernst.
- Sie gewinnen echte Partner für Ihre Vorhaben und können dadurch auch die großen Themen anpacken.
- Andere arbeiten gerne mit Ihnen zusammen. Nichts stärkt andere Menschen so sehr wie Zutrauen in ihre Fähigkeiten oder ihre Möglichkeiten, zu lernen und etwas Wichtiges zum Gemeinsamen beizutragen.
- Sie entwickeln großartige Führungsqualitäten, weil Sie Beobachtungen nicht zum Anlass für Ablehnung und Misstrauen nehmen, sondern als Feedback für Entwicklungsthemen. So kann sich Ihr Team entfalten und für die gemeinsame Sache sein Bestes geben.

7. Natürliches Interesse, echte innere Motivation

Zuckerbrot und Peitsche sind nicht mehr Ihr Ding, wenn Sie die Impulse hinter dem Übermotivations-MINDFUCK entdeckt haben. Sie verfügen über eine starke natürliche Grundmotivation, über aufrichtiges Interesse. Sie treffen echte Entscheidungen und widmen Ihr Berufsleben den Themen, die Ihre natürliche Motivation hervorrufen. Sie machen ganz von selbst das, was Sie für wirklich sinnvoll, nötig und gewinnbringend halten. Sie nehmen sich selbst und das, was Sie tun, wirklich ernst. Natürliche Motivation fühlt sich echt, geerdet und nicht übertrieben an. Sie ist so stark, dass Sie dranbleiben, auch wenn es einmal ungemütlich wird. Sie suchen dann mit kreativen Mitteln neue Lösungen und nehmen die Herausforderung an. Illusionen waren gestern, jetzt sind Ihre wirklichen Träume dran. Das, was Sie tatsächlich realisieren wollen und wofür Sie Ihre ganze Kraft und all Ihre Fähigkeiten als erwachsener Mensch investieren. Sie opfern sich nicht und verlangen auch keine Selbstaufopferungen von anderen. Im Job heißt das für Sie:

- Sie inspirieren nicht nur sich selbst, sondern auch andere durch Ihre tiefe, natürliche Motivation.
- Sie wissen, was Sie tun und warum Sie es tun.
- Sie schaffen Vertrauen, weil Sie voll und ganz da sind und hinter dem stehen, was Sie tun.
- Sie sind für andere verlässlich und klar. Man kann mit Ihnen rechnen.
- Sie kennen die Grenzen und wissen, wann Motivation in Harakiri-Manöver umschlägt.
- Das alles qualifiziert Sie auch für Führungsaufgaben. Da Sie sich selbst motivieren, können Sie auch andere motivieren. Da Sie selbst nicht mehr überschnappen, sind Sie ein vertrauensvoller Gesprächspartner für andere. Ein Fels in der Brandung und dabei quicklebendig.

Die Sprache der Potenzialentfaltung

Ebenso wie innere Blockaden ihre typische Ausdrucksweisen haben, so hat auch unsere eigentliche, blockadefreie Denkwelt ihre eigene Sprache. Statt in der absoluten Konstruktion des Entweder-oder denken wir dann Sowohl-als-auch. Entweder das machen, was Freude bereitet, oder gut verdienen? Eine schlechte Idee. Besser ist: Sowohl das machen, was Freude bereitet, als auch gut damit verdienen. Entweder Sicherheit oder Freiheit? Keine gute Idee. Besser ist: Sowohl Sicherheit als auch Freiheit. Gehen Sie diese beiden Satzpaare einmal durch und beobachten Sie Ihre Gedanken und Gefühle bei beiden Alternativen. Menschen bestätigen, dass die Sowohl-als-auch-Konstruktion sofort Neugierde und kreatives Nachdenken auslöst. Wie könnte ich das am besten umsetzen? Zu tun, was mir Freude bereitet, *und* gutes Geld damit verdienen? Genügend Sicherheit *und* ein schönes Maß an Freiheit erleben? In der natürlichen humanen Grundhaltung eines freien erwachsenen Menschen unserer Zeit können wir uns diese Fragen stellen und werden individuelle und spannende Lösungen entwickeln. Gehen Sie also alle Themen an, von denen Sie bisher dachten, sie seien nicht mit dieser neuen Haltung vereinbar. Lieber Sowohl-als-auch als Entweder-oder!

Die natürliche humane Grundhaltung einnehmen

Fassen wir zusammen: Wenn wir uns selbst blockieren, fühlen wir uns klein, eingeengt, aggressiv, depressiv, emotional und mental verkrüppelt. Wenn wir damit aufhören, sind wir offen, neugierig, mutig, interessiert, kreativ, trauen uns etwas zu, interessieren uns für andere. Wir sind ganz natürlich motiviert. Die Stimmung ist wach, offen, lebendig. Es prickelt, ist aber auch entspannt. Wir wollen, wir können und wir dürfen. Genau so sind erwachsene Menschen, wenn sie sich nicht blockieren. Je mehr Sie Ihre Aufmerksamkeit auf die Entfaltungsimpulse hinter den Blockaden legen, desto mehr finden Sie in Ihre natürliche humane Grundhaltung zurück. Irgendwann werden Sie gar nicht mehr merken, welche Potenzialentfaltungsfrage Sie gerade Ihrem Denken, Fühlen und Handeln zugrunde legen. Sie machen es einfach. Ihre Haltung stimmt. Sie ist offen, neugierig, ganz da. Es ist Ihnen dann nicht mehr bewusst, was Sie genau tun. Ebenso wie wir uns vorher unbewusst blockiert haben, entfalten wir uns nun unbewusst. Es fühlt sich dann einfach natürlich, richtig und wahr an. Und im Unterschied zum Blockademodus ist es das auch.

Kommen wir zurück zu Marion, unserer engagierten Sozialarbeiterin, die bisher immer wieder ihre Aufstiegschance verpasst hat. Setzen wir unter ihren Störungscode den dahinterliegenden Entfaltungscode, dann sieht das folgendermaßen aus:

Code der Störung:
Misstrauen – Bewertung – Selbstverleugnung

Code der Entfaltung:
Vertrauen – Offenheit – Individualität und Originalität

Als ich Marion im Coaching bitte, innerlich in die Haltung der selbstwirksamen, balancierten gestandenen Erwachsenen zu gehen und gleichzeitig die Impulse des Entfaltungscodes, die hinter den MINDFUCKS liegen, als Angebot zu nehmen, entwickelt sie umgehend völlig andere Ideen. Statt die Bewerbungschancen mit allerhand MINDFUCK zu verpassen und sich im Unterwasserballett zwischen Kind-Ich und Eltern-Ich zu blockieren, entwickelt sie ruhig und klar eine neue Strategie: »Ich gehe das jetzt an. Ich bewerbe mich. Ich habe umfangreiche Erfahrungen und bin tatsächlich absolut geeignet für die ausgeschriebene Position. Ich will das, und ich kann das. Und die Frage, ob ich es verdient habe, ist einfach lächerlich, wenn ich es mir genau überlege. Natürlich darf ich mich auf eine Stelle bewerben, die mich interessiert. Ich werde in meiner Bewerbung meine Kompetenzen herausstreichen und gleichzeitig so individuell sein, dass sie auffällt, ohne unprofessionell zu wirken.« Die wirklich umwerfende Erfahrung, die ich in so vielen Coachings mache, ist, dass meine Klienten im blockadefreien Zustand völlig allein gute Lösungen entwickeln. Wir können sie dann noch gemeinsam feinjustieren, aber die Grundlagen legen meine Klienten selbst. Jeder Erwachsene ist grundsätzlich selbstwirksam, wenn er sich nicht blockiert. Jeder Erwachsene kann aus eigener Kraft spannende, gute Lösungen entwickeln. Jeder ist Experte oder Expertin des eigenen Lebens. Und niemand braucht ernsthaft Tipps von oben herab. Sicherlich kann es hilfreich sein, für Bereiche, in denen man neu ist und wenig Erfahrung hat, den Rat von Profis einzuholen. Zuallererst aber ist es wichtig, selbst in einer blockadefreien, offenen, erwachsenen Haltung zu sein. Dann ist es wunderbar, sich auch von anderen inspirieren zu lassen.

So lesen Sie Ihren Entfaltungscode

Sie kennen bereits die Einzelteile des Puzzles. Nun müssen Sie es nur noch für sich selbst zusammenfügen. Nehmen Sie dazu die Blockadecodes, also die aufeinanderfolgenden MINDFUCKS, und stellen Sie nun die Entfaltungsimpulse daneben. Die Entfaltungsimpulse sind diejenigen Impulse, die Sie aus der natürlichen humanen Grundhaltung heraus haben, wenn Sie sich nicht selbst blockieren. Zusammengesetzt ergeben sie Ihren ganz persönlichen Entfaltungscode.

Blockademodus	Entfaltungsmodus
sich Angst machen	neugierig, mutig, unerschrocken herangehen
sich selbst verleugnen	selbstgewiss, individuell und originell herangehen, ganz natürlich gut mit sich umgehen
sich notorisch gnadenlos bewerten	bewertungsfrei aufmerksam sein, sensibel wahrnehmen und sein Urteilsvermögen einsetzen
sich selbst unter Druck setzen	auf die eigenen Ressourcen achten, die eigene Motivation kennen und im eigenen Timing hochwirksam sein
sich an überholten Regeln orientieren	kreativ wie phantasievoll Lösungen finden
sich selbst nichts zutrauen, misstrauen	nicht darüber nachdenken, einfach machen. Aus purer Neugierde!
sich mit Zuckerbrot und Peitsche motivieren	hellwach und bei klarem Verstand seiner natürlichen inneren Motivation folgen, erwachsen sein, dranbleiben

Damit Sie ein Gefühl für die Vorgehensweise bekommen, zeige ich Ihnen anhand weiterer Beispiele, wie Sie praktisch an das Knacken des Codes herangehen können.

Fallbeispiel Esther: Sich durchsetzen ohne MINDFUCK

Esther leidet seit langem unter ihrer dominanten Kollegin. Diese drängelt sich beim Chef vor, sichert sich die besten Projekte, ist vom Typ her empfindlich, teilt aber gerne aggressiv bei anderen aus. Esther weiß, dass sie sich schon lange wehren müsste. Ihr Job, bei dem immer nur die langweiligen Aufgaben bei ihr landen, macht ihr sonst keinen Spaß mehr. Ihre allgemeine Lebensqualität sinkt, und die Erfolge bleiben aus. Doch bisher traut sie sich nicht, etwas zu unternehmen. Das sind Esthers Gedanken, wenn sie sich selbst blockiert:

1. »Das neue Projekt ist wirklich spannend. Aber ich überlasse es lieber der Kollegin, bevor die sich wieder aufregt.« Selbstverleugnungs-MINDFUCK. Der Entfaltungsimpuls dahinter: Individualität und Originalität.
2. »Du musst jetzt endlich was tun. Die macht dir deinen Job kaputt!« Druckmacher-MINDFUCK. Der Entfaltungsimpuls dahinter: Achtsamkeit mit den eigenen Ressourcen und hohe Wirksamkeit im eigenen Timing.
3. »Ich habe so eine Angst vor ihr. Die macht mich fertig, wenn ich sie darauf anspreche!« Katastrophen-MINDFUCK. Der Entfaltungsimpuls dahinter: Mut, Neugierde, Unerschrockenheit.

Esthers Störungscode funktioniert so: Selbstverleugnung – Druck – Katastrophenangst. Die Folge ist eine Handlungsblockade. Sie tut nichts und frisst den Ärger in sich hinein.

Wechselt zwischen hilflosem Kind-Ich und meckerndem Eltern-Ich. Wie könnte sie blockadefrei vorgehen, wenn sie die Entfaltungsimpulse hinter den MINDFUCKS richtig versteht? Lassen Sie uns entschlüsseln, was hinter den MINDFUCKS steht und wie Esthers Entfaltungscode aussieht: Hinter Selbstverleugnung warten Originalität, Individualität und die Fähigkeit, mit anderen gut zu kooperieren. Hinter Druck wartet ein gutes Bewusstsein für die eigenen Ressourcen sowie die Fähigkeit, die Dinge im eigenen Timing hervorragend zu lösen. Hinter der Katastrophenangst warten Mut, Neugier und Unerschrockenheit. Auf Esther bezogen ist der Entfaltungscode in der Kurzform: Originalität, eigenes Timing und Mut. Sie würde das Thema dann selbstgewiss, individuell und originell anpacken, mit den richtigen Ressourcen im eigenen Timing und neugierig, mutig und unerschrocken. Das ist ihre natürliche Herangehensweise, die bisher von MINDFUCK überdeckt war. Esther denkt darüber nach. Zuerst geht sie innerlich in die Haltung der selbstwirksamen und balancierten Erwachsenen, die sie eigentlich ist: offen, neugierig, dem Thema zugewandt. Im Wissen, dass sie mit allem umgehen kann. Sie bekommt richtig Lust, die Sache zu lösen. Aus diesen Impulsen entwickelt sie eine kreative neue Strategie. Sie nimmt sich vor, ganz offen auf ihre Kollegin zuzugehen und sie zum ersten Mal zu einem After-Work-Drink einzuladen. Sie muss ihre Themen nicht im Büro ansprechen. Sie kann den Zeitpunkt und Ort selbst wählen. Nach einem Glas Prosecco sind beide bestimmt ein wenig lockerer. Dann wird sie sie offen ansprechen: »Ich bewundere deine enorme Durchsetzungsfähigkeit. Davon will ich mir eine Scheibe abschneiden. *Und:* Ich möchte das nächste Projekt machen. Lass uns nicht darüber streiten. Ich habe dir mehrmals den Vortritt gelassen. Jetzt bin ich dran.« Esther sagt klar, was sie will, sie fragt sich nicht mehr, ob sie das überhaupt darf. Sie hat den Zeitpunkt selbst gewählt, und sie zeigt sich unerschrocken und klar. Eine Erfolgsstrategie. Ihre Kollegin ist überrascht. Und lacht. Zum ersten Mal kann sie Esther ernst nehmen. »Hey, ich wusste gar nicht, dass du so genau weißt, was du willst!« In den nächsten Monaten werden die beiden ein richtiges Team. Sehr zur Freude ihres gemeinsamen Chefs, der sich manchmal fragt, was mit diesen beiden Mitarbeiterinnen passiert ist.

Nicht immer läuft das Codeknacken so reibungslos ab. Die eigenen Blockaden zu knacken, ist gerade bei den Themen, bei denen es um z.B. wirklich große Entscheidungen geht, häufig ein sehr tiefgehender natürlicher Prozess, in dem es zwischendurch zwei Schritte nach vorne und auch wieder einen zurück geben kann. Genau in diesen Momenten aber, in denen wir zögern und irgendetwas in uns um die alte Überzeugung ringt, passieren die wirklich großen Wachstumsschritte. Die kommenden zwei ausführlichen Beispiele aus meinen Coachings sollen Ihnen dabei helfen, die vielen Zwischentöne und sehr unterschiedlichen Gefühle, die entstehen, wenn wir uns von Blockaden befreien, zu verstehen. Nehmen Sie sich Zeit und versetzen Sie sich so gut es geht in meine Klienten hinein. Seien Sie selbstkritisch, Ihr alter Innerer Kompass wird an manchen Stellen ebenso widerständig reagieren, wenn Sie anfangen, ihn auf Potenzialentfaltungsmodus hin umzupolen. Im ersten Beispiel geht es um Carl, der seit langem den Traum hat, ein eigenes Unternehmen zu gründen. Im zweiten um Christiane, die nicht weiß, ob sie in ihrer Karriere weitermachen oder lieber einen Schritt zurückgehen soll.

Angebot denkt? »Das ist ja noch mehr Arbeit, als ich sowieso schon habe, da gehe ich ja vollends über die Wupper!« Katastrophen-MINDFUCK aus dem warnenden Eltern-Ich. Was noch? »Das bieten die dir doch nur an, weil du eine Frau bist. Alles nur Quoten-Blabla. Du willst doch aber wegen deiner Kompetenzen gefragt werden!« Bewertungs-MINDFUCK, Misstrauens-MINDFUCK und Regel-MINDFUCK. (Du bist gar nicht so gut, sie fragen dich nur, weil du eine Frau bist; eigentlich kannst du das gar nicht. Quote ist schlecht und wertet Frauen angeblich ab, seriös wird man nur wegen seiner Kompetenzen befördert.) Was noch? »Eigentlich kann ich das gar nicht. Der Schritt ist einfach zu groß.« Ich frage sie, was im Moment fehlen würde, wann sie wüsste, dass sie so weit ist. »Keine Ahnung. Es ist einfach zu früh. Ich weiß das eben.« Sie ist mit dieser Antwort selbst nicht zufrieden und denkt nach. »Ich bräuchte mehr Erfahrung, müsste mehr Englisch sprechen, meine Mitarbeiter wären dann ja international, da spricht man Englisch. Das mache ich heute nur sehr selten.« Nach einer reinen Selbstabwertung im Misstrauens-MINDFUCK aus dem Kind-Ich heraus (Ich weiß nicht, warum, aber ich kann das einfach nicht) kommt also ein besser begründeter Bewertungs-MINDFUCK und Misstrauens-MINDFUCK aus dem scheinbar rationalen Eltern-Ich. Christiane erkennt es selbst und setzt nach. »Na ja, in die Fremdsprache würde ich schon reinkommen. Das kommt ja mit der Praxis alles wieder.« Was noch? »Ich stehe jetzt schon am Rand der Überforderung, kümmere mich um fünf Leute im Team. Komme kaum zu meinen eigenen Sachen. Wie soll ich mich anständig um zwanzig Leute kümmern, die noch viel mehr Verantwortung tragen?« Katastrophen-MINDFUCK und innere Haltung im überfürsorglichen Eltern-Ich den Mitarbeitern gegenüber. Das ist ein häufiger Führungsfehler. Er kostet immens viel Kraft und ist in den Ergebnissen tatsächlich mehr als undankbar. Damit wird sich Christiane schon oft das Leben schwergemacht haben. Gibt es noch etwas, das gegen die neue Position spricht? »Die ganze Firmenpolitik. Ich hasse das. Will mich nicht ständig selbst vermarkten müssen, streiten und kämpfen. Das ist alles so unnötig, so falsch, so hirnrissig. Ich will das nicht, nein, ich habe einfach keinen Bock auf Politik. Dafür habe ich nicht studiert. Die Intrigen, das grundlose Sich-Aufspielen, der ganze Stress mit den Alphatieren. Für so einen Blödsinn gebe ich mich nicht her …« Sie hat sich in Fahrt geredet, doch jetzt stoppt sie sich. Holt Luft. »Ist doch wahr.« – »Wissen Sie was«, sage ich, »ich kann verstehen, was Sie meinen. Es gibt absolut ›hirnrissige‹ Überpolitisierung in Unternehmen. Eine Folge von MINDFUCK. Unangenehm und manchmal einfach unnötig.« Christiane nickt müde. Ich spreche weiter: »Und trotzdem. Wir können die Welt so nehmen, wie sie ist, und lernen, uns gut und möglichst störungsfrei in ihr zu bewegen. Vielleicht sogar an diesem Punkt etwas zu bewegen, indem wir klug handeln.« Sie lacht. Und denkt darüber nach. »Sie meinen, daran kann man was ändern?« – »Keine Ahnung. Ich weiß nur: Ein System ändert sich von innen heraus. Innen fängt es an. Wie bei jedem von uns.« Sie ist skeptisch. Ich fahre fort: »Aber man muss Lust darauf haben. Man kann Lust darauf haben und sogar Spaß daran bekommen. Sehen Sie es wie eine Fremdsprache, die Sie ab heute lernen und irgendwann beherrschen. Auch wenn es niemals Ihre Muttersprache sein wird. Ob Sie diese Sprache lernen wollen, ist allein Ihre Entscheidung. Sich aber nur darüber aufzuregen und dann aufzugeben, ist nichts als eine große Selbstblockade. Bewertungs-MINDFUCK und Misstrauens-MINDFUCK aus dem strafend-bewertenden Eltern-Ich heraus. Es klingt so vernünftig, das ist es aber nicht unbedingt.« – »Darf man nicht auch einfach mal keine Lust auf eine Herausforderung haben?« Sie fühlt sich herausgefordert. »Klar. Doch die

Flucht vor einer Herausforderung ist aus meiner Sicht nur eine Stressreaktion. Natürlich ist es erlaubt, schließlich ist das Ihre Entscheidung. Klüger ist es womöglich, eine Situation gar nicht erst als Stress zu definieren, eine andere Haltung dazu einzunehmen.« – »Und wie soll das gehen?«, fragt sie in einer Mischung aus Trotz und Neugierde. »Indem man neugierig darauf ist.« – »Neugierig auf Politik im Unternehmen?«, fragt sie, scheint aber bereits ernsthaft darüber nachzudenken.

Wir wollen aber keine Zeit verlieren und konzentrieren uns wieder auf ihr Entscheidungsthema: Upgrading oder Downsizing? »Was geht Ihnen zum Downsizing durch den Kopf?«, frage ich. »Ach«, Christiane atmet schwer aus, »dann wäre doch alles wieder viel einfacher! Muss man sich denn immer mit allem so verdammt quälen? Darf man nicht einfach mal einen Gang zurückschalten?« Sie schwelgt regelrecht in den Vorteilen, die ihr das Downsizing, also die Rückstufung auf eine weniger verantwortliche Position, möglicherweise sogar in Teilzeit, bringen würde. »Ich könnte endlich wieder voll für die Menschen, mit denen ich arbeite, da sein. Ich wäre wieder Kollegin unter Kollegen. Nicht die Chefin. Das ist alles so was von anstrengend. Und dann die gewonnene Zeit für mich: abends nicht gestresst aus dem Büro kommen, sondern schon entspannt zu Hause sein, wenn die anderen eintrudeln. Endlich wieder Zeit zum Lesen, einkaufen gehen, mich um die Wohnung kümmern, Freunde. Das wäre wirklich richtig schön.«

Für viele Menschen, mit denen ich arbeite, scheint sich ein tiefer Graben durch ihr Leben zu ziehen. Da ist auf der einen Seite eine Realität, die sie als Knochenjob, als wirklich hart und unangenehm bezeichnen, und auf der anderen Seite eine Art Paradies, in dem alles einfach und happy ist. Ich habe bereits viele Menschen begleitet, die vom Knochenjob übergangslos ins Paradies geglitten sind, häufig deshalb, weil sie durch eine Kündigung zum Hinübergleiten gezwungen waren. Oft drehte sich die Sicht aber einfach um. Dann war früher im alten Job alles paradiesisch, und heute ist es knochenhart. Solange wir bei unseren Work-Life-Balance-Themen eine Neigung zur Übermotivation beibehalten und der einen Seite mit Euphorie, der anderen Seite mit Aggression oder Depression begegnen, werden wir niemals das innere Gleichgewicht erreichen, das wir uns eigentlich wünschen, wenn von Work-Life-Balance die Rede ist. Hat man diese Ambivalenz einmal durchschaut, reicht die Erkenntnis noch lange nicht, um zu einem besseren Schluss zu kommen. Man weiß ja, dass beides nicht ideal ist. Ein Bekannter hat diese innere Zwickmühle einmal »Watschenautomat« genannt (eine Watsche ist das bayerische oder österreichische Wort für Ohrfeige). In welche Richtung wir auch denken, wir stoßen überall an Grenzen. Dabei ist alles nur MINDFUCK. Der Schlüssel liegt hinter dem Code, mit dem wir uns selbst blockieren.

Zurück zu Christiane. Ich frage sie, ob sie beim Downsizing auf ihrem Karriereweg auch irgendwelche Nachteile sehe. Daraufhin schaut sie mich an und schüttelt den Kopf. »Na, dann ist doch alles klar«, sage ich. »Sie kennen die Lösung doch bereits!« Ich fahre mir mit den Händen über beide Knie. »Packen wir's also an. Was steht genau an? Wie können Sie mit dem Downsizing starten?« Jetzt ist Christiane überrascht. »Was? Wie kommen Sie jetzt so schnell darauf? Ich weiß doch noch gar nicht, ob es das Richtige ist!« – »Aber Sie haben es doch eben gesagt. Es sprechen sehr viele Dinge gegen den Aufstieg und sehr viele, ohne Ausnahme, dafür, einen Gang runterzuschalten. Dann ist doch klar, was dran ist.« – »Moment, es gibt schon Zweifel, sonst wäre ich ja nicht hier.« Welche Zweifel? »Lassen Sie uns die Zweifel ganz genau unter die Lupe nehmen. Wir werden dann sehen, ob sie echt sind oder nur MINDFUCK.« – »Ich frage mich, warum ich so lange gekämpft habe, wenn ich jetzt alles aufgebe. Ist das MINDFUCK?« – »Ja. Regel-MINDFUCK. Die Regel lautet: Wenn man jahrelang für etwas gekämpft hat, darf man es nicht aufgeben. Das ist eine unhinterfragte Regel. Man darf das jedoch immer, wenn man sich dazu entscheidet, weil das Alte einfach nicht mehr stimmig ist.« Gibt es weitere Zweifel am Downsizing? »Ich schäme mich vor den anderen, wenn ich eine Stufe zurückgehe. Das ist MINDFUCK, ich weiß. Bewertungs-MINDFUCK und Regel-MINDFUCK. Ich befürchte, die anderen denken, dass man ein Versager ist, wenn man so etwas macht.« – »Alles klar, MINDFUCK!«, sage ich. Gibt es weitere Zweifel? Sie denkt nach. Sie wird jetzt sehr ernst. »Ja. Die gibt es. Ich weiß nicht, ob ich es wirklich will. Ich befürchte, dass es mich langweilt, wenn ich zurückgehe. Ich habe immer gern gearbeitet. Ich möchte mich weiterentwickeln, vorankommen und nicht zurückstecken.« – »Es gibt Hunderte Arten, sich weiterzuentwickeln. Es müssen ja nicht alle im Job sein«, provoziere ich ein wenig. »Das stimmt. Aber mir ist mein Beruf tatsächlich sehr wichtig. Wenn ich nicht gerade herumjammere, weiß ich, dass ich Ehrgeiz habe und weiterkommen will.« – »Was reizt Sie am Weiterkommen?«, frage ich. Ich möchte wissen, aus welchem Ich ihr Ehrgeiz kommt. Kind-Ich? Eltern-Ich oder Erwachsenen-Ich? Sie sagt: »Ich möchte mehr Einfluss haben, mehr gestalten können. Ja, auch mehr verdienen. Und ja, ich genieße berufliches Ansehen sehr.« – »Was ist dann gerade los? Sie haben ein Topangebot bekommen, und es hat Sie in echte innere Schwierigkeiten gebracht.« – »Ich glaube, ich bin meine Lernschritte in der aktuellen Position noch nicht ganz gegangen. Ich denke aber, dass ich sie auch in der nächsten Position machen kann. Wenn ich mich nicht hineinsteigere, weiß ich das.« Sie ist jetzt sehr ruhig und sehr ernst. Sie spricht klar. Sie schaut zum Fenster hinaus. Und schaut wieder zurück zu mir. Sie sieht mir in die Augen und ist ganz da. »Alles, was Sie zuletzt gesagt haben, ist kein MINDFUCK. Sie wissen es sicherlich selbst, weil es sich anders anfühlt, nicht wahr?« Sie nickt. »Ja, es fühlt sich anders an. Es fühlt sich echt und wahr, aber auch groß an. So, als ob etwas Großes auf mich warten würde und ich einfach Respekt davor habe.« – »Auch das klingt sehr angemessen, finde ich. Die Position, um die es geht, ist herausfordernd. Da darf man doch auch Respekt haben. Und es geht nicht darum, eine neue Position gleich perfekt auszufüllen. In wirklich anspruchsvolle Positionen muss man, wenn man sie zum ersten Mal bekleidet, erst hineinwachsen.« Christiane stimmt mir zu. »Tja, das ist wohl wahr.« – »Das Hineinwachsen kann aber auch ungeheuren Spaß machen.« Sie nickt. »Man kann sich das leicht- oder auch schwermachen. In der Realität ist es meist beides: leicht und schwer. Leichter wird es, wenn man es MINDFUCK-frei angeht und sich Tag für Tag neu überraschen lässt. Von den eigenen Ideen, der eigenen Kreativität, der Absurdität mancher Erfahrungen, dem Humor, mit dem man das dann nimmt. Und der extrem steilen Lernkurve, die man macht, wenn man neugierig und offen bleibt.« Wir machen eine kurze Pause, ich lüfte, Christiane vertritt sich ein wenig die Beine. Sie ist nachdenklich, in sich gekehrt. Dann setzen wir uns beide wieder, und ich starte mit der direkten Frage: »Was denken Sie über Ihr Thema, wenn Sie es voll und ganz als die gestandene erwachsene Frau sehen, die Sie sind? Aus den Augen der erfahrenen Managerin, der Frau, die sich ein gutes Leben wünscht, die mehr Interessen hat als nur den Beruf und gleichzeitig anspruchsvolle Ziele hat. Die gestalten, weiterkommen, etwas bewegen will?« – »Dann ist die Sache klar. Dann will ich den Job. Doch ich will ihn anders machen.«

Ich sage häufig zu Klienten, bei denen es um einen nächsten großen Schritt in der Karriere geht, dass sie auf ihrem nächsten Level nicht mehr der- oder diejenige bleiben können, der oder die sie sind. Sie werden auf dem nächsten Level ihrer beruflichen Existenz ein anderer sein. Viele empfinden das zunächst als irritierend oder sogar als provokant. Wenn wir aber darüber nachdenken, dann ist da eine Menge dran. Erinnern Sie sich ganz spontan an sich selbst in Ihrem allerersten Job. Wie waren Sie da? Wer waren Sie da? Wie waren Sie, als Sie noch Schüler oder Schülerin waren? Wer waren Sie damals im Gegensatz zu heute? Was konnten Sie damals? Was heute? Welche Fähigkeiten sind dazugekommen? Welche Persönlichkeitsausprägungen haben Sie heute, die Sie damals noch nicht hatten?

Ich frage Christiane, wer sie sein wird, wenn sie weiß, dass sie auf ihrem nächsten Level, in der neuen Position wirklich angekommen ist. »Auf jeden Fall nehme ich nicht mehr alles so bierernst. Ich kann dann auch mal mit achtzig Prozent zufrieden sein. Hundert Prozent gehen einfach nicht immer. Sind manchmal auch gar nicht gefragt. Dann würde ich mit Sicherheit anders führen. Ich würde mich nicht ständig fragen, was meine Mitarbeiter von mir brauchen, sondern eher darauf achten, dass wir alle gut zu den Ergebnissen beitragen. Dass jeder seinen Job gut macht. Die Leute sind ja dann weit verstreut in der Welt. Ich muss mich darauf verlassen können und sie so führen, dass sie Projekte selbstständig managen. Da muss ich loslassen, gewinne aber auch Freiraum.« Christiane war nun gar nicht mehr zu bremsen. Eine gute Idee folgte der anderen. »Es ist doch faszinierend«, sage ich, »manchmal sind wir innerlich schon längst auf diesem nächsten Level. Alles ist schon da und wartet nur darauf, abgerufen zu werden.«

Nachdem Christiane den Cocktail aus Katastrophen-, Bewertungs-, Misstrauens- und Regel-MINDFUCK hinter sich gelassen hat, betrachten wir die Impulse dahinter, und das ist, als würde man Goldnuggets einsammeln. Die Kraft, die da drinsteckt, sollte man sich nicht entgehen lassen. Es warten wirklich starke Entfaltungsimpulse auf ihren Einsatz: Mut, bewertungsfreie Aufmerksamkeit, sensible Wahrnehmung, gesundes Urteilsvermögen; die Fähigkeit, sich selbst und anderen zu vertrauen und etwas zuzutrauen, das Ablegen alter Vorurteile, Kreativität und Phantasie für neue, wirklich gute Lösungen. Das alles aus der natürlichen humanen Grundhaltung heraus: offen, neugierig, klar im Kopf. Mit Lust auf das, was da kommen mag. Als erwachsener, selbstwirksamer Mensch. Wissend, dass man mit allem umgehen kann, was da kommen mag. Auch wenn es mal ungemütlich wird. Christiane zögert einen Moment. Sie ist mittendrin in der inneren Veränderung. Größte MINDFUCK-Gefahr. Ganz normal. Jeder von uns hat dann sein ganz persönliches kreatives Störungsmoment. Bei Christiane ist es ein klitzekleiner Rückfall ins Kind-Ich: »Und was, wenn ich das alles nicht schaffe?«, fragt sie ängstlich und führt sogar ihre Fingerspitzen zum Mund, wie ein kleines Kind, das ängstlich an den Nägeln kaut. Es ist nicht klar, ob sie das ernst meint oder ob das eine der unter Frauen manchmal noch typischen Gesten der Unsicherheit ist, wenn man sich an etwas Großes herantraut. Jetzt ist Humor angesagt. »Christiane, Sie spielen in der Bundesliga und nicht für Hinterpusemuckel, oder?« – »Klar.« – »Also können Sie auch sehen, welche Lernschritte jetzt wirklich dran sind?« – »Wahrscheinlich«, feixt sie bereits mit. »Soll ich Ihnen ein paar Anregungen geben?« – »Ja, bitte.« – »Auf den Punkt gebracht geht es, denke ich, um Folgendes: Schluss mit Verzetteln, Schluss mit mütterlichen Kümmer-Instinkten für Mitarbeiter; Fokus auf die eigenen Ressourcen, die eigene Lebensqualität und die Projekte, die wirklich wichtig sind, Ihre Sichtbarkeit, den Ausbau Ihrer konzernpolitischen Fähigkeiten und endlich wieder Freude an Ihrem Leben und an den Erfolgen. Dazu stehen, dass es einem wichtig ist, und dazu stehen, dass es auch andere Dinge gibt, die wichtig sind im eigenen Leben. Dass es aber vor allem darum geht, etwas zu gestalten, gemeinsam mit Menschen voranzubringen, etwas zu bewegen.« Sie strahlt. Doch einen Punkt will sie noch klären. »Man liest jetzt überall von diesem Downsizing. Ist das denn so verkehrt? Oder überbewertet?« – »Wenn Sie mich so fragen: Ich denke, es geht meistens um eine dritte Alternative. Darum, auszusteigen, ohne auszusteigen. Ich meine damit, dass man mit Sicherheit alte Muster verlassen muss, deshalb aber nicht alles verlassen muss. Vieles ist besser, als man denkt, wenn man aufhört, sich selbst zu sabotieren. Wir haben viel mehr Einfluss auf unser Leben und die Qualität unseres Jobs, als uns bisher bewusst war.«

Was Sie am Beispiel des Coachings mit Christiane sehen können, ist, dass ein Aufdecken der Blockadecodes immer wieder von kurzen Rückfällen begleitet sein kann, wenn wir unsere Wachstumsimpulse freilegen. Denken Sie daran: Wenn Sie MINDFUCK beenden, dann dechiffrieren Sie Ihr bisheriges inneres Sicherheitssystem, nämlich jene Denkmuster, mit denen Sie Ihr ganzes Leben lang Ihre eigene Glücks- und Entfaltungszone künstlich begrenzt haben. Es wäre naiv zu glauben, dass hochintelligente Lebewesen, wie wir es sind, über ein so ausgeklügeltes Selbstkonditionierungssystem verfügen und dieses System ohne jeden Widerstand einfach verschwindet, wenn wir es zum ersten Mal verstanden haben. Seien Sie also nicht überrascht, wenn Sie das Überwinden Ihrer Blockaden manchmal an einen sehr turbulenten Flug erinnert. Der gelegentlich noch starke innere Widerstand ist normal und zeigt, dass die Veränderung, die Sie angehen, besonders groß und wirksam ist.

Wie Sie in zehn Schritten Selbstblockaden beenden

Um Ihnen noch mehr Sicherheit in der Anwendung Ihrer neuen Kenntnisse zu geben, habe ich noch einmal die beste Vorgehensweise zusammengefasst:

- Achten Sie auf Gedanken und Gefühle, die Sie in einen schlechten inneren Zustand bringen, d. h. depressiv, aggressiv, leer, klein, wertlos, ohnmächtig oder übermächtig und euphorisiert. Mit großer Wahrscheinlichkeit blockieren Sie sich gerade.
- Achten Sie auf die Themen, Menschen, Aufgaben, Herausforderungen und Probleme, bei denen Sie immer wieder die gleichen Gedankenschleifen drehen. Auch hier ist mit großer Wahrscheinlichkeit MINDFUCK im Spiel.
- Achten Sie auf Ihre innere Haltung. Fühlen, denken und handeln Sie gerade wie ein trotziges Kind? Wie ein hilflos überfordertes Kind? Wie ein braves, angepasstes Kind? Wie ein alles wissender, bewertender und bestrafender Elternteil? Wie ein überfürsorglicher Elternteil? Dann sind Sie mit Sicherheit im Blockademodus.
- Gehen Sie durch, was Sie genau denken und welche Gedanken mit den schlechten oder überdrehten Gefühlen verbunden sind. Was geht Ihnen genau durch den Kopf?
- Ordnen Sie die Gedanken den sieben blockierenden Denkmustern, den sieben MINDFUCKS zu. Welche MINDFUCKS sind genau im Spiel? In welcher Reihenfolge? Sie brauchen dieses Wissen unbedingt, weil es den Schlüssel zu den dahinterliegenden, genau jetzt anstehenden Wachstums- und Entfaltungsimpulsen enthält.
- Beobachten Sie, in welche inneren Haltungen (Kind-Ich/

Eltern-Ich) Sie mit diesen Denkmustern abrutschen. Beschreiben Sie dann, was Ihr hochintelligentes Sicherheitssystem inszeniert, um Sie daran zu hindern, eine Situation offen und kreativ zu lösen und Sie stattdessen im engen Rahmen der bisherigen Denk- und Verhaltensmuster zu halten.

- Erinnern Sie sich an die natürliche humane Grundhaltung, die wir alle kennen, bevor wir beginnen, uns mit diesem verrückten Selbstkonditionierungssystem zu blockieren: Offenheit, Neugierde, zugewandtes Interesse, Lust auf Erfahrungen, neue Begegnungen, Kontakt zu anderen Menschen, mit denen man gemeinsam etwas erschafft und erlebt.
- Gehen Sie in genau diese Haltung und achten Sie darauf, voll und ganz der erwachsene, balancierte und selbstwirksame Mensch zu sein, der Sie heute sind. Es geht also um erwachsene Neugierde, erwachsene Offenheit, erwachsene Lust auf Erfahrungen. Es geht *nicht* darum, in ein übermotiviertes Kind-Ich zu wechseln! Die natürliche humane Grundhaltung der Offenheit und Aufgeschlossenheit, der Neugierde und Lust an Kreativität fühlt sich innerlich balanciert, ausgeglichen und stark an.
- Nun wenden Sie sich den eigentlichen Wachstums- und Entfaltungsimpulsen zu, die hinter jedem einzelnen MINDFUCK aus Ihrem persönlichen Blockadecode stecken, und beziehen Sie diese gute Erkenntnis in Ihren neuen, blockadefreien Zugang zur Situation ein. Auf meinen Webseiten (siehe Adressteil im Anhang) finden Sie die Übersicht zum kostenlosen Download. Für die Brieftasche, die Handtasche, die Schreibtischschublade.
- Aus dieser neuen, blockadefreien Haltung heraus werden Sie mit anderen Augen auf die Themen schauen, die Sie vorher in suboptimale Zustände und das immer wiederkehrende Gedankenkarussell gebracht haben. Sie erken-

nen, dass Sie den Blockadecode geknackt haben und in den Potenzialentfaltungsmodus gewechselt sind, wenn Sie neue Perspektiven und Ideen gewinnen, entschieden haben und tatsächlich handeln! Dieser klare Handlungsimpuls, der einschließt, dass Sie alte Alternativen einfach nicht mehr akzeptieren, ist das sichere und klare Zeichen, dass Sie alles richtig gemacht haben. Sollten Sie wieder in alte Endlosschleifen verfallen oder trotz neuer Ideen nicht ins Handeln kommen, ist das Thema noch nicht durch, und Sie müssen noch mal neu ran.

Wie erwähnt, ist die Arbeit mit diesem Ansatz sehr intensiv und manchmal sehr anspruchsvoll. Wenn Sie alleine nicht so weit kommen, wie Sie es sich wünschen, empfehle ich Ihnen, mit einem dafür ausgebildeten Coach zu arbeiten. Oder nutzen Sie die anderen Hilfsmittel, die Sie unter www.mindfuck-coaching.com finden. Es lohnt sich wirklich und kann Ihnen dabei helfen, Ihr Leben in allen Belangen von Grund auf zu verbessern.

Die Soforthilfe gegen MINDFUCK-Attacken

Manchmal überkommen uns MINDFUCK-Attacken wie aus heiterem Himmel. Bei näherem Hinsehen gibt es immer bestimmte Triggerpunkte, die typisch für jeden von uns sind und die uns innerlich auf den Holzweg führen. Das alte System übernimmt dann kurzfristig das Ruder, und es scheint uns, als kämen wir niemals aus dem Schlamassel heraus. Keine Sorge! Sie können jederzeit beherzt Abhilfe schaffen. Sehen Sie das Ganze einfach wie den kurzen Flashback eines schlechten Films, den Sie vor langer Zeit einmal gesehen haben. Das Wort MINDFUCK bedeutet übrigens in der Fachsprache der Filmwissenschaften genau das: Wir halten etwas für real, das wir eigentlich in einem fiktionalen Film gesehen haben.

In meinem ersten Buch zu MINDFUCK habe ich einige Erste-Hilfe-Übungen bei akuten MINDFUCK-Attacken vorgeschlagen. Diese zielen vor allem darauf ab, die störenden Gedanken zu unterdrücken. Das ist eine gute Wahl, wenn Sie zum Beispiel nachts aufwachen, MINDFUCKS hochkommen, Sie aber dringend sofort Ihre innere Ruhe haben wollen. Bei Tageslicht betrachtet, lohnt es sich hingegen noch mehr, direkt mit den Blockademustern zu arbeiten, statt sie zu unterdrücken oder zu verdrängen, denn sie enthalten, wie Sie bereits wissen, die wichtigsten Informationen darüber, welche Entwicklungen in unserem Leben anstehen und welche Impulse gerade darauf warten, hinter den Blockaden entdeckt zu werden. Die folgende Vorgehensweise soll Ihnen das Selbst-Coaching erleichtern.

Vorbereitung: Richten Sie sich auf und gehen Sie innerlich ganz bewusst in die Haltung des balancierten, selbstwirksamen Erwachsenen. Nehmen Sie sich selbst ernst und betrachten Sie die Dinge wie ein wirklich guter Berater oder Freund. Es ist wichtig, dass Sie nicht nur denken, im Erwachsenen-Ich zu sein, sondern es auch fühlen. Sie erkennen es an einer sehr klaren Form von innerer Ruhe, Ernsthaftigkeit und Aufgeschlossenheit. Sie sind dann innerlich angstfrei, druckfrei, geerdet und gleichzeitig offen. Wichtig ist, dass Sie sich diese Haltung nicht erst mühsam erarbeiten *müssen*, sondern dass Sie diese innere Haltung bewusst jederzeit einnehmen *können*. Jede Arbeit mit MINDFUCK verlangt genau diese Haltung. Aus ihr heraus können Sie sich die folgenden, wirklich hilfreichen Fragen stellen und in Ruhe durchdenken.

- Wenn ich mich mit Angst, Panik und Horrorszenarien blockiere, steht eigentlich an, neugierig, mutig und unerschrocken an ein Thema heranzugehen. Was denke ich über die Sache, wenn ich wirklich genau so an die Sache herangehe: mutig und unerschrocken?
- Wenn ich mich selbst verleugne und meine Interessen wieder hinter die von anderen stelle, steht eigentlich an, selbstgewiss ohne langes Nachdenken zu agieren, meine Originalität zu leben, meine individuellen Interessen zu vertreten und mit anderen zu kooperieren, ohne mich zu verlieren. Was denke und tue ich, wenn ich genau so an die Sache herangehe: unhinterfragt selbstgewiss, aus mir heraus denkend, individuell und originell, in dem Wissen, dass ich sehr gut kooperieren kann, ohne mich dabei zu verlieren?
- Wenn ich mich mal wieder gnadenlos abwerte, steht eigentlich an, großzügig und offen mit mir zu sein, bewertungsfrei, fair und aufmerksam mit mir und der anstehenden Frage. Der natürliche Impuls ist, mich und das, worum es geht, sensibel und fair wahrzunehmen und mein Urteils-

vermögen klug einzusetzen. Was denke ich über die Sache, wenn ich sie mit bewertungsfreier Aufmerksamkeit betrachte? Wenn ich sensibel und fair bin und mein kompetentes natürliches Urteilsvermögen einschalte?

- Wenn ich mich unter Druck setze, geht es eigentlich darum, klar und bewusst auf meine eigenen Ressourcen zu achten, meine eigene Motivation zu kennen und im eigenen Timing hochwirksam zu sein. Was denke ich über die Sache, wenn ich mir meiner Kräfte und Fähigkeiten realistisch bewusst bin, wenn ich weiß, warum ich das tue, und mich frage, wie für mich das beste, persönliche Timing wäre? Muss ich die Sache loslassen, oder geht es darum, sie mit einer neuen Strategie im eigenen Timing anzugehen? Was ist dann die wahrhaftige Entscheidung, die jetzt dran ist?
- Wenn ich mich zwinge, mich an überholte oder unsinnige Regeln zu halten, ist eigentlich angezeigt, kreative und phantasievolle Lösungen zu finden. Das macht Spaß und bringt viel mehr. Wie denke ich über die Sache, wenn ich kreativ und phantasievoll herangehe?
- Wenn ich mir wieder selbst misstraue und nichts zutraue, steht eigentlich an, mir selbst gegenüber offen, aufgeschlossen und vertrauensfähig zu sein. Es geht darum, den Möglichkeiten eher zu vertrauen als den Hindernissen. Wie denke ich über mich und das, was ansteht, wenn ich mir ganz natürlich Vertrauen schenke? Wenn ich offen und neugierig auf mich schaue? Ebenso ist es mit anderen. Wie sehe ich den Menschen oder die Menschen, um die es jetzt geht, wenn ich ihnen unvoreingenommen begegne?
- Wenn ich mich wieder zwanghaft euphorisiere oder besonders »down« und unmotiviert fühle, steht eigentlich an, hellwach und mit klarem Verstand meinem inneren Interesse zu folgen und als entschiedener erwachsener Mensch dranzubleiben, wenn mir eine Sache richtig erscheint. Wie denke ich über die Sache, wenn ich meinen klaren, hellwa-

chen Verstand einschalte und mich frage, ob es eine echte natürliche Begeisterung und starkes, inneres Interesse ist? Was mache ich dann? Wie gehe ich dann ganz neu und konsequent mit Durststrecken um?

Sie können diese sieben ausformulierten Entfaltungsmuster auf jede Frage, jede Problematik, jedes Thema und jedes Ziel, das Sie haben, anwenden. Solange Sie im Erwachsenen-Ich sind, werden sie funktionieren und eine Kaskade von neuen, guten Ideen auslösen. Denn das, was Sie aktivieren, ist nichts weniger als der Mensch, der Sie wirklich sind, wenn Sie sich nicht stören. Im Erwachsenen-Ich wahrgenommen, lösen die Erlebnisse des Codeknackens zunächst einmal Stille, manchmal auch Betroffenheit, dann aber ein tiefes, ehrliches Bejahen aus, das befreit und tief ausatmen lässt: Ja, so ist es. Ja, das ist richtig. Ja, so gehe ich richtig mit mir um. Etwas anderes möchte ich nicht mehr akzeptieren. Wenn ich Rückfälle habe, schaue ich mir an, was gerade passiert, analysiere es mit meinem neuen Wissen und ändere meine Haltung zu mir und den Dingen so, dass wieder Raum für Motivation, Ideen und Wachstum entsteht.

Sie wissen nun, wie Sie innere Blockaden jederzeit erkennen, verstehen, beenden und sogar als wichtige Inspirationsquelle für Ihre persönliche Entfaltung nutzen können. Schauen wir uns jetzt an, was Sie dafür tun können, aus diesem guten Zustand heraus Ihr volles berufliches Potenzial zu entfalten.

So entfalten Sie Ihr berufliches Potenzial

Was heißt Potenzialentfaltung?

Unser berufliches Potenzial zu entfalten bedeutet, immer mehr der Mensch zu werden, der wir sind, wenn wir unsere Fähigkeiten, Interessen und Talente voll entfalten. Dies findet aber nicht nur in unserem Inneren statt, sondern zeigt sich vor allem in unserem tatsächlichen Handeln. Erst wenn wir die Möglichkeiten in der Welt da draußen sehen, ergreifen und handeln, entfalten wir unser Potenzial. Nur darüber nachzudenken, bedeutet noch nicht, sein Potenzial auch zu entfalten. Gehen wir unseren beruflichen Entfaltungsweg konsequent, dann tun wir das aber nicht nur für uns selbst. Wir entfalten auch eine positive Wirkung auf andere. Denn volle berufliche Potenzialentfaltung bedeutet, allein und gemeinsam zu wachsen und die Welt als einen grundsätzlich guten Ort voller Möglichkeiten zu begreifen. Es bedeutet, mit dem, was wir gut können und gerne tun, gemeinsam mit anderen echte Werte für uns und andere zu schaffen. Berufliche Potenzialentfaltung ist damit nicht nur etwas Individuelles, sondern auch etwas Soziales. Denn es befördert den Fortschritt in der menschlichen Entwicklung hin zu Gesellschaften, in denen individuelle Entfaltung und ein gelungenes, erfüllendes Miteinander keine Gegensätze mehr sind. Erst heute, im 21. Jahrhundert, haben wir überhaupt die Möglichkeit dazu.

Es ist alles da, was wir zum Wachsen brauchen

Unser persönliches berufliches Potenzial zu entfalten, ist eigentlich die natürlichste Sache der Welt. Sie findet statt, wenn wir uns nicht selbst blockieren. Wir sind dann ganz natürlich offen, neugierig und unvoreingenommen. Wir sprechen Wahrheiten aus und können sie im Gegenzug in dem Wissen vertragen, dass wir als erwachsene Menschen in einem freien Leben so viel mehr Möglichkeiten haben, als uns bisher bewusst war. Und dass wir mit allem aus einer erwachsenen Haltung heraus umgehen können. Die meisten Antworten auf Fragen, die wir uns stellen, sind schon da, wenn wir sie richtig abrufen. Aus diesem Wissen heraus können wir völlig anders an unseren Job herangehen. Manchmal brauchen wir für den nächsten Schritt neues Wissen und neue Fähigkeiten, die wir einfach noch nicht haben. Aus einer MINDFUCK-freien Haltung heraus eignen wir sie uns einfach an. Wir fragen nach, wir informieren uns, wir lernen. Das Leben ist nach vorne gerichtet, es ist wieder offen, und es prickelt wieder. Es gibt Abende, da möchte man, wie in besten Kindheitstagen, »schneller schlafen«, weil man gar nicht erwarten kann, am nächsten Tag weiterzumachen. Und an Tagen, an denen es einmal nicht so gut läuft und das Leben ein Hindernis nach dem anderen aufzubauen scheint, gehen wir selbstgewiss unseren Weg, fragen uns, ob wir etwas anders machen, neu an die Dinge herangehen oder einfach weitermachen sollen. Möglicherweise steht längst unser nächstes Level, ein wichtiger beruflicher Wachstumsschritt an. Umso besser. Wir spüren dann sofort, dass sich etwas in uns öffnet und sich alles wieder aufregend und lebendig anfühlt. So macht Arbeiten Spaß, auch wenn es einmal herausfordernd wird. So ist die älteste Lebensaufgabe der Welt kein Hindernis mehr, sondern Teil unseres persönlichen Entwicklungsprozesses hin zu dem Menschen, der wir wirklich sind. Berufliche Potenzialentfaltung ist damit aus meiner

Sicht ein Teil unseres menschlichen Individuationsprozesses. Das wiederum ist, wie der große Psychologe C. G. Jung behauptete, das eigentliche Ziel unserer psychischen Entwicklung: immer mehr derjenige oder diejenige zu werden, der oder die wir wirklich sind. Und ich möchte hinzufügen: immer mehr voll und ganz in der Realität unserer Welt und unserer Zeit anzukommen. Es gibt also uns, die Welt und die Zeit, in der wir leben. Alle drei wirken zusammen, beeinflussen sich gegenseitig und kreieren das, was wir Leben nennen.

Wenn wir Job-Themen als Anlass für unsere persönliche Potenzialentfaltung und einen lebenslangen Wachstumsprozess sehen, bekommen sie sofort eine andere Dimension. Angst, Mutlosigkeit oder destruktive Selbstzweifel haben dann ganz offensichtlich einen anderen Charakter. Wir erkennen, dass sie alte, lästige Blockaden sind, die wirklich niemand mehr braucht. Falsches Sicherheitsdenken, das nur in Stagnation und seelische Verkrüppelung führt, erkennen wir als Hindernis, das es im Sinne unserer eigenen Potenzialentfaltung zu überwinden gilt. Wir halten nicht mehr um jeden Preis fest, was lange vorbei ist. Wir können kreativ und mit Phantasie und Weitblick ganz in der Realität des Hier und Jetzt auch große berufliche Ziele und Träume mutig anpacken und Schritt für Schritt blockadefrei verwirklichen. Dann macht nicht nur das Ziel, sondern auch schon der Weg dahin Freude. Einfach deshalb, weil wir jeden Tag lernen, eine hohe Intensität erleben und spüren, dass wir wachsen, flexibler, fähiger und kompetenter werden. Der Wachstumsprozess selbst ist aufregend und kann auch manchmal turbulent sein, ist er jedoch auf einem neuen Niveau erreicht, fühlen wir uns stärker und tiefer beheimatet im Leben.

Die wichtigste Frage, die ich allen meinen Klienten stelle, ist deshalb: Wie betrachten Sie das Berufsthema, das Sie gerade

beschäftigt, ganz konsequent und natürlich aus der Haltung Ihrer vollen Potenzialentfaltung? Wenn Sie gar nicht anders könnten, als sich bei beruflichen Themen immer die Frage zu stellen, wie eine Lösung aussehen kann, die zu Ihrer vollen beruflichen Potenzialentfaltung und damit gleichzeitig zu noch mehr Lebensqualität beiträgt? Wie würden Sie das Thema lösen wollen, wenn Sie es als Anlass verstehen, mehr zu lernen und neue Kompetenzen auf Ihrem persönlichen Lebensweg zu erlangen?
Wenn wir unser Leben als einen Dialog zwischen uns und der Welt da draußen verstehen, der dazu führen soll, dass sowohl unsere Lebensqualität als auch die in der Welt wächst, dann beginnen wir, wirklich gute Fragen zu stellen.

Das ICH und DIE WELT-Modell

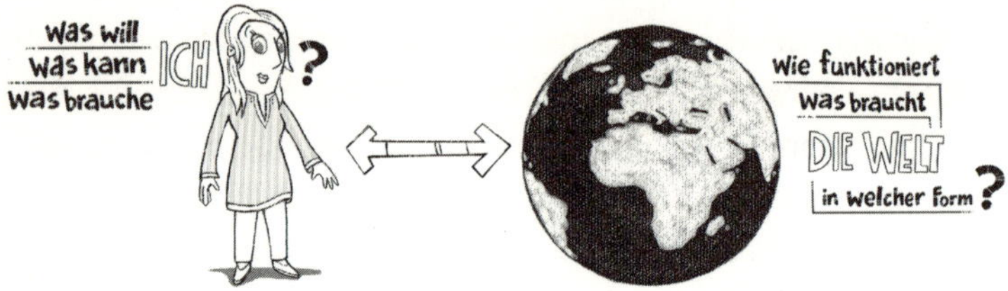

Wenn wir beide Bereiche, uns selbst und unseren Beruf, der in der Welt da draußen stattfindet, ernst nehmen und wirklich kennenlernen, sind wir bereits dabei, eine gezielte Strategie für unsere berufliche Potenzialentfaltung zu kreieren. Wir sollten uns dazu zuerst MINDFUCK-frei Klarheit über einige sehr wichtige Punkte der Ich-Ebene im Job verschaffen.

Die zentralen Fragen der Ich-Ebene

- Was will ich?
- Was kann ich?
- Womit will ich meine wertvolle produktive Lebenszeit verbringen?
- Wie sollen die Tage aussehen?
- Was ist mir besonders wichtig?

Eine wichtige Klärungshilfe ist aus meiner Erfahrung, die ureigene Arbeitsmotivation zu kennen. Die Arbeitsmotivation zeigt uns, welche Bedeutung Arbeit in unserem Leben haben soll. Aus ihr heraus bekommen die Dinge die Kraft, die uns beflügelt.

Wofür arbeiten Sie eigentlich?

Für jeden Menschen hat Arbeit eine ganz bestimmte Bedeutung im Leben. Es ist die Grundmotivation, die wir mit ihr verbinden. Das, was wir von unserem Arbeitsleben erwarten. Was es uns geben soll. Und danach richtet sich auch unser Einsatz, das, was wir dafür geben wollen. Nur wenn wir uns im Klaren darüber sind, was unsere Arbeit in unserem gesamten Leben bedeutet, können wir auch wissen, wann und wie wir unser volles Potenzial darin entfalten. Diese Grundmotivation beachten die wenigsten von uns. Häufig folgen wir Traditionen oder auch Moden, die gar nicht zu uns passen. Und Unternehmen versäumen es, die Unterschiede in der Grundmotivation ihrer Mitarbeiter zu kennen. Die Grundmotivation jedes Menschen aber entscheidet darüber, was er erreichen möchte, was er geben möchte und was er dazu braucht.

Die Grundmotivation erkennen

Die folgende Einteilung in sechs Arbeitstypen hilft Ihnen, sich selbst einzuschätzen. Alle sind gleich viel wert. Und ganz wichtig: Es gibt kein Besser oder Schlechter.

1. Existenz-Arbeiter
2. Klassische Lifestyle-Arbeiter
3. Postmoderne Lifestyle-Arbeiter
4. Status-Arbeiter
5. Berufungs-Arbeiter
6. Visions-Arbeiter

Für die einen geht es vor allem darum, ihren Lebensunterhalt zu verdienen. Sie arbeiten, weil sie schlicht und einfach von etwas leben müssen. Ich nenne diesen Typus **Existenz-Arbeiter**. Das mag für den einen oder anderen hart klingen, trifft die Sache aber im Kern. Für Existenz-Arbeiter geht es einfach darum, genug Geld zum Leben zu verdienen. Sie geben Arbeit keinen höheren Sinn im Leben. Dieser liegt für sie in ganz anderen Bereichen: vielleicht Zeit mit der Familie, einem Hobby oder einfach in gemütlichen Stunden vor dem Fernseher.

Für andere geht es darum, mit ihrer Arbeit einen guten Lebensstandard zu erreichen. Sie wollen mehr als einfach genug zum Leben haben. Ich nenne sie **Lifestyle-Arbeiter** und unterscheide dabei zwei Varianten: klassisch und postmodern. **Klassische Lifestyle-Arbeiter** träumen von einem ganz bestimmten Lebensstandard, sie wollen sich etwas leisten können. Zum Beispiel ein eigenes Haus, schöne Reisen, die Möglichkeit haben, gut essen gehen zu können, ohne jedes Mal auf den Preis achten zu müssen. Das Einkommen ist ihnen wichtig. Dafür arbeiten sie, dafür engagieren sie sich. **Postmoderne Lifestyle-Arbeiter** verstehen unter Lebensstil vor allem, frei zu sein von den Zwängen einer normal geregelten Arbeitswelt. Sie wollen frei sein, ihren Interessen folgen, wann und wie sie wollen. Der Fokus liegt auf Freiheit, Unabhängigkeit und Abwechslung. Sie wollen sich nicht jahre- oder lebenslang auf eine Sache festlegen müssen. Dann gibt es diejenigen, denen gesellschaftlicher Status wichtig ist. Sie wollen etwas darstellen, einen guten Ruf haben, etwas gelten. Ich nenne sie **Status-Arbeiter**. Erfolg hat für sie viel mit Anerkennung zu tun. Es ist ihnen wichtig, dass ein anspruchsvoller Titel auf ihrer Visitenkarte steht. Ein gutes Einkommen ist nicht nur dazu da, einen guten Lebensstandard zu sichern, sondern sich auch an Statussymbolen zu erfreuen: einem besonderen Wagen, hochwertigen Marken, guten Schulen für die Kinder u. v. m. Manchen unter ihnen ist auch wichtig, Macht und Einfluss zu haben. Das alles ist eine Spielart von Status. Es gibt auch Status-Arbeiter, denen Geld nicht allzu viel bedeutet. Sie wollen aber eine führende Rolle einnehmen, Bedeutung haben und gestalten können. Viele haben zunächst Probleme mit dem Begriff Status-Arbeiter, denn sie finden, dass er irgendwie peinlich klingt und nicht attraktiv. Dennoch ist dies aus meiner Sicht genau der passende Begriff. Es ist nichts Schlimmes daran, gerne ein bestimmtes Auto fahren oder seinen Kindern eine besondere Ausbildung ermöglichen zu wollen. Warum sollte das jemanden stören? Neid, Abwertung und Missgunst sind eindeutig MINDFUCK. Besser ist es, sich und andere auf Augenhöhe ernst zu nehmen und sich ehrlich zu fragen, wie wichtig einem diese sogenannten »Statussymbole« sind. Und dann auch dazu zu stehen.

Dann gibt es diejenigen, die einfach ihrer Berufung folgen wollen. Sie wollen jeden Tag das tun, was sie für ihre Lebensaufgabe halten, was ihnen wichtig, sinnvoll und erfüllend erscheint. Ich nenne sie **Berufungs-Arbeiter**. Geld und Status sind nebensächlich. Sie wollen das tun, was sie für ihre

Berufung halten. Basta. Natürlich soll die Sache am besten genug zum Leben abwerfen. Berufungs-Arbeiter finden wir in allen Berufsgruppen. Nehmen wir zum Beispiel einen Arzt. Reine Berufungs-Arbeiter würden auch in Krisengebieten gerne arbeiten. Oder in die Gegenden ziehen, in denen sie eine Menge zu tun haben und nicht allzu viel verdienen, die Menschen aber dringend Ärzte brauchen. Oder nehmen wir eine/-n Künstler/-in. Er oder sie würde zwar gerne auch gut von der Kunst leben können, aber noch wichtiger ist es, sich täglich am besten ganz und gar mit Kunst beschäftigen und auseinandersetzen zu können.

Dann gibt es noch diejenigen, die ich als **Visions-Arbeiter** bezeichne. Sie haben eine eigene Lebensvision, eine eigene Mission und eigene Lebensziele für ihr Berufsleben. Und sie identifizieren sich stark damit. Sie wollen etwas kreieren, etwas erschaffen, das für sie und möglicherweise auch für andere einen hohen Wert hat. Sie haben eine Botschaft. Sie wollen eine Spur hinterlassen mit dem, was sie tun. Häufig finden sich hier Unternehmer, Entwickler, Gründer, große Künstler oder Politiker. Ich habe aber auch schon einen Blumenhändler getroffen, der Visions-Arbeiter war.

Jeder Arbeitstyp kann faktisch in allen Berufsgruppen vorkommen. Ich habe zum Beispiel mit einer Steuerberaterin gearbeitet, die eine Existenz-Arbeiterin war. Sie mochte nicht sonderlich, was sie tat, wollte einfach genug für ein gutes Auskommen und ansonsten ihre Ruhe haben. Ich habe mit Psychotherapeuten gesprochen, die Status-Arbeiter waren. Es war ihnen wichtig, sich einen Namen zu machen, bekannt zu werden und gut zu verdienen. Und mit Ärzten, die postmoderne Lifestyle-Arbeiter waren. Sie wollten weder im Krankenhaus noch in einer Praxis an bestimmte Orte oder Zeiten gebunden sein. Sie lösten sich aus den klassischen

Umfeldern ihres Berufs und gründeten ein Online-Business für Gesundheitsthemen.

Welche sind Ihre Werte?

Es ist für Sie hilfreich zu wissen, was Ihnen am allerwichtigsten ist. Denn Ihre erste und wichtigste Blockade kann darin bestehen, dass Sie unbewusst einem Arbeitstypus folgen, der Sie gar nicht sind. Das wird Sie geradezu täglich mit MINDFUCK konfrontieren. Sie werden, wenn Sie einem falschen Ziel nachjagen, auch Schwierigkeiten haben, die diesem Arbeitstypus entsprechenden Erfolgsstrategien anzuwenden. Sie bleiben dann weit unter Ihren Möglichkeiten und erfüllen die Ansprüche dieses Arbeitstypus nicht. Irgendwann beziehen Sie das auf sich selbst und machen sich deshalb runter. Das lässt Sie immer wieder unzufrieden sein. Es ist aber wie mit dem Märchen vom hässlichen Entlein. Das hässliche Entlein, das sich immer falsch und anders fühlte, war in Wahrheit ein stolzer Schwan, der aus Versehen unter lauter Enten geraten war. Wie fühlt sich das an: allein unter Status-Arbeitern? Allein unter Berufungs-Arbeitern? Allein unter Menschen, die einfach nur ihren Lebensunterhalt verdienen und nichts weiter von ihrer Arbeit wollen? Allein unter Menschen, die große Visionen haben? Allein unter Menschen, die es am allerwichtigsten finden, vollkommen frei zu arbeiten, während Sie vielleicht Lust auf einen geregelten Tagesablauf in einem schönen Team haben? Alles das, was nicht zu Ihnen passt, wird Sie anstrengen und Ihr Potenzial von vorneherein einschränken.

MINDFUCK hat viel mit dem Erfüllen von sozialen Erwartungen aus unserem Umfeld zu tun. Die große Herausforderung ist, das, was man ist, zu erkennen, zu akzeptieren und auch selbstbewusst umzusetzen. Je nachdem, in welchen Umfeldern wir uns aufhalten, gelten andere Werte in Bezug auf Beruf und Erfolg. Wir neigen alle dazu, unser eigenes Konzept unhinterfragt als das einzig richtige zu betrachten. Selbst dann, wenn es gar nicht zu uns oder jemand anderem passt. Wenn Sie sich in stark statusorientierten Milieus aufhalten, gilt zum Beispiel die Sehnsucht nach der eigenen Berufung als ein eigenartiger Luxus, mit dem niemand etwas anfangen kann. »Berufung? Mach das mal lieber erst, wenn du alles erreicht hast. Dann ist immer noch Zeit für den Luxus der ›Berufung‹!« Und einfach nur Geld zu verdienen, um genug zum Leben zu haben und ganz andere Schwerpunkte zu setzen, gilt in diesen Umgebungen als eine Ausrede, als Zeichen dafür, es einfach nicht zu schaffen. Umgekehrt können Menschen, die davon ausgehen, dass jeder Beruf eine Berufung sein muss, sehr intolerant auf Menschen reagieren, denen ein guter Lebensstandard oder sogar Status und Macht wichtig sind. »Das macht man nicht«, heißt es dort. »Das ist oberflächlich und dumm.« Jeder Arbeitstypus hat also sein eigenes Bewertungsraster, das womöglich gar nicht zu ihm passt.

Sagen wir, Sie sind in Wirklichkeit ein Status-Arbeiter, gehen aber aus irgendwelchen Gründen davon aus, dass Sie ein Berufungs-Arbeiter sein müssten. Sie werden sich wahrscheinlich seit Jahren damit abmühen, Ihre wirkliche Berufung zu finden. Da das aber gar nicht Ihr inneres Lebensmodell ist, werden Sie sie nicht finden oder immer wieder von neuen Ideen in der Praxis enttäuscht sein. Es ist dann eine der größten Befreiungen Ihres Lebens, sich klarzuwerden, dass Ihnen z.B. Status oder Lifestyle viel wichtiger sind. Erst wenn Sie das wissen, können Sie sich die richtigen Ziele setzen und alles, was Sie an Erfolgsstrategien und Fähigkeiten haben und dazulernen, wirklich wirksam einsetzen. Es kann auch sein, dass Sie im Grunde Ihres Herzens ein Visions-Arbeiter sind und sich, durch zahlreiche Blockaden gestört, dazu gezwungen fühlen, weiterhin für die Visionen anderer zu arbeiten, die gar nicht Ihre sind. Heraus kommt ein hochtalentierter, unglücklicher Mensch, der zwar gute Leistungen bringt, aber irgendwie immer das Gefühl hat, sein Leben an der falschen Stelle zu verschwenden. Oder nehmen wir einen Menschen, der eigentlich ein klassischer Lifestyle-Arbeiter ist, aber sich selbst auferlegt, »hip« und unabhängig arbeiten zu müssen. Er oder sie gründet immer wieder gut klingende Online-Businesses, verdingt sich als Freelancer, versucht den für andere wichtigen Traum einer Vier-Stunden–Woche zu realisieren und erlaubt sich nur eines nicht, nämlich das zu leben, was er eigentlich haben will: eine Familie zu gründen, jeden Morgen zum nahe gelegenen Arbeitsplatz zu fahren und sich über ein eigenes Haus mit Garten, ein geregeltes Leben und schöne Urlaube zu freuen. Es gibt unzählige Fehlkombinationen, und es ist ein erster Schritt für Sie, herauszufinden, was Ihr eigentliches berufliches Wesen ist, und dann genau hinzuschauen, welchen Typus Sie im Moment faktisch leben.

Wie denken Sie bisher über gute und richtige Arbeit? Wann ist jemand erfolgreich? Wann kann er oder sie stolz auf sich sein? Was denken Ihr Partner, Ihre besten Freunde und Ihre Eltern darüber? Welchen Modellen folgen sie? Sind sie glücklich damit? Oder könnte es sein, dass sie in Bezug auf Arbeit eigentlich jemand anderer wären? Wie sehen Sie die Sache, wenn Sie sie vollkommen MINDFUCK-frei betrachten?

Nun gehen Sie noch einmal alle sechs verschiedenen Typen durch. Gehen Sie möglichst intuitiv vor, und fragen Sie sich ehrlich und ohne Zensur, wie Sie wirklich ticken, wenn Sie sich selbst ernst nehmen:

1. Existenz-Arbeiter:
Mir ist vor allem wichtig, meinen Lebensunterhalt zu verdienen. Ansonsten ist Arbeit für mich nicht wichtig. Andere Dinge zählen mehr.

2. Klassischer Lifestyle-Arbeiter:
Ich möchte mir durch meine Arbeit ein schönes Leben leisten können. Deshalb ist es mir auch wichtig, gut zu verdienen.

3. Postmoderner Lifestyle-Arbeiter:
Ich will vor allem frei und unabhängig sein. Da arbeiten, wo es mir gefällt, meinen Interessen folgen, keine festgelegten Arbeitszeiten und keinen Chef haben, der mir sagt, was ich machen muss.

4. Status-Arbeiter:
Mir sind Status, Einfluss und Anerkennung wichtig. Ich will etwas erreichen und Dinge gestalten können.

5. Berufungs-Arbeiter:
Ich möchte meine ureigene Berufung leben. Ich möchte mich hauptberuflich mit dem befassen, was ich als meine Lebensaufgabe und mein größtes Interessensfeld sehe. Wenn ich das machen kann, bin ich glücklich.

6. Visions-Arbeiter:
Für mich ist die Arbeit der zentrale Bereich meiner Selbstverwirklichung. Ich habe eine persönliche Vision, die ich umsetzen möchte, oder bin dabei, sie zu kreieren. Ich kann mir ein Leben ohne intensive Arbeit nicht vorstellen und möchte mich immer weiterentwickeln, um etwas Großes, möglicherweise Bedeutendes mit meiner Arbeit zu erschaffen.

Vielleicht haben Sie den Eindruck, einer Mischform zuzuneigen. Vielleicht ist es Ihnen wichtig, gutes Geld zu verdienen, sich etwas Schönes leisten zu können *und* zugleich möglichst frei zu sein und Ihre Berufung zu leben. Das kann es geben. Und möglicherweise ist diese oder eine andere Kombination sogar der Gipfel Ihrer persönlichen beruflichen Potenzialentfaltung. Mein wichtiger Tipp aus der Praxis für Sie ist dennoch: Fangen Sie immer mit dem an, was Ihnen am allerwichtigsten ist! Denn das ist die Motivation, die Ihnen über Jahre und auch über schwere Phasen hinweg die meiste Kraft gibt. Eine Kraft, die Sie brauchen, um wirklich dranzubleiben.

Um Ihnen die Zuordnung zu erleichtern, falls Sie nicht sofort einen klaren Impuls hatten, zeige ich Ihnen, wie Sie am besten vorgehen können, um sich ganz sicher zu sein. Dazu schlage ich das Ausschlussverfahren vor. Manchmal ist es hilfreich, sich drastische Bilder auszumalen und dann intuitiv zu entscheiden: Was wäre besser für mich? Dass Sie täglich das tun, was Ihre Berufung ist, aber immer nur so viel Geld haben, dass es gerade so zum Leben reicht? Oder wäre es Ihnen lieber, finanziell unabhängig zu sein, hohes soziales Ansehen zu genießen, aber Ihr Geld mit einer Tätigkeit zu verdienen, die nicht Ihre Berufung ist? Natürlich ist es am besten, das Nützliche und das Angenehme zu verbinden, und möglicherweise ist es Ihr Ziel, Ihre Berufung zu leben und damit gutes Geld zu verdienen, sich einen Namen zu machen und vielleicht sogar berühmt zu werden. Was aber ist der Ausgangspunkt, die Bedingung, die erfüllt sein muss, ohne die sonst alles keine Freude macht?

Warum ist dieser Ausgangspunkt so wichtig? Weil jeder Arbeitstypus seine eigenen tiefen Wünsche, Motivationen, Ziele und Belohnungen bereithält. Wenn diese nicht erfüllt sind, werden Sie nicht glücklich sein und wahrscheinlich auch nicht Ihr volles Potenzial im Beruf entfalten können.

Ein Status-Arbeiter braucht ganz andere Ziele als ein postmoderner Lifestyle-Arbeiter. Während beim ersten Typus die Karriereposition, ein hohes Einkommen und der Ruf der Tätigkeit enorm wichtig sind, ist dem postmodernen Lifestyle-Arbeiter nicht so wichtig, womit das Geld verdient wird. Hauptsache, er oder sie kann frei und unabhängig arbeiten. Es ist dann wichtiger, im Sommer mit dem Laptop an einem See zu sitzen. Um wirklich bei sich anzukommen und Ihr Berufsleben als sinnvoll und erfüllt zu betrachten, sollten Sie also die Quelle Ihrer tiefsten Motivation kennen. Wenn erfüllt ist, was Sie sich in diesem Lebensmodell der Arbeit wünschen, können Sie gut weitere Ziele angehen, wenn Sie das möchten. Der postmoderne Lifestyle-Arbeiter mit seinem Laptop am See könnte dann zum Beispiel finanziell so erfolgreich werden wollen, dass er sich endlich den grasgrünen Porsche-Oldtimer zulegen kann, von dem er schon als Kind geträumt hat. Als Nächstes könnte es ihm oder ihr wichtig sein, zu einem bekannten Namen in der eigenen Branche zu avancieren. Dann verbinden sich Freiheit, ein guter materieller Lebensstil und Status. Das alles ist aber erst sinnvoll, wenn als Quelle der Freiheitsgedanke erkannt und dieser erste Ausgangspunkt erfüllt wurde.

Ich habe bereits viele Menschen gecoacht, die es umgekehrt machen wollten und meistens nicht weit gekommen sind. Es klingt so vernünftig, zunächst für ein hohes Einkommen zu sorgen und danach alle Freiheiten zu genießen. Einmal kam ein dreißigjähriger Betriebswirt zu mir, der sagte, seine Berufung wäre es, Jugendlichen dabei zu helfen, ihren Weg im Leben zu finden. Um es sich irgendwann einmal leisten zu können, nur noch dieser Tätigkeit nachzugehen, würde er jetzt noch sechzig Stunden die Woche als Controller in einer Firma arbeiten, eine Position, in der er jedoch unglücklich war. »Irgendwann werde ich dann so viel verdient haben, dass ich die Jugendlichen ehrenamtlich betreuen kann!« Ich fragte ihn, was ihn zu mir führe, er könnte doch bis zur Rente so weitermachen und dann ehrenamtlich für Jugendliche arbeiten. Er sah mich verblüfft und sogar ein wenig entgeistert an. Es war ihm völlig klar, dass er das nicht so lange aushalten würde und dass es einfach Unsinn sei, sein Leben mit einer Arbeit zu verbringen, die ihm nichts bedeutete und sein eigentliches Interessensfeld auf den Sankt-Nimmerleins-Tag zu verlegen. »Aber irgendwo muss doch das Geld für Auto, Haus und Familie herkommen!« Ich fragte ihn nach dem Ausschlussprinzip: »Stellen Sie sich vor, Sie müssten sich entscheiden: Gutes Geld verdienen, materiell gut versorgt sein, dafür aber niemals mit Jugendlichen arbeiten. Oder: Mit Jugendlichen arbeiten, aber damit gerade so viel zu verdienen, dass es zum Leben reicht.« Seine gesamte Körpersprache und seine Antwort waren eindeutig: Lieber jetzt mit Jugendlichen arbeiten und weniger Geld verdienen, als nie die ehrenamtlichen Ziele zu verfolgen und viel Geld zu besitzen. »Muss ich mich denn entscheiden?«, fragte er. »Nein. Natürlich können Sie beide Ziele verfolgen. Aber mit einer Sache sollten Sie anfangen, wenn Sie sich nicht selbst belügen wollen. Denn die am stärksten begrenzten Ressourcen unseres Lebens sind unsere Zeit und unsere Energie. Sie sehen ja, dass der Weg des Geldes Sie erst in circa vierzig Jahren zu den Jugendlichen bringen würde.« Ich schlug ihm vor, es einfach andersherum zu probieren. »Wie wäre es, wenn Sie gleich mit Jugendlichen arbeiten und sich von da aus, wenn das noch wichtig ist, eine Strategie überlegen, wie Sie auch noch mehr Geld verdienen können?« Zum Beispiel als Trainer oder Coach, der aus seinen Erfahrungen mit Menschen heraus, denen man keine Chance mehr gegeben hat, andere weiterbringt. Oder als Unternehmer, der parallel zu seiner Tätigkeit völlig neue Einrichtungen und Dienstleistungen für Jugendliche oder deren Eltern entwickelt. Er war Feuer und Flamme.

Nehmen Sie aus diesem Beispiel auf jeden Fall Folgendes mit: Das Wichtigste ist, dass Sie mit voller Motivation an Ihre berufliche Zukunft herangehen und sie nicht aus irgendwelchen Vernunftsgründen immer wieder nach hinten verschieben. Starten Sie jetzt mit dem Leben, das Sie wirklich haben wollen! Und lassen Sie das Leben los, das Sie nicht mehr haben wollen. Beginnen Sie mit dem ersten mutigen Schritt. Lassen Sie gleich etwas vom Alten los, um Platz für das Neue und Wahre in Ihrem Leben zu schaffen.

Fassen wir zusammen:

- Wenn es einfach nur darum geht, genug zum Leben zu haben, dann blockieren Sie sich nicht mehr mit irgendwelchen aufgebauschten Karrierezielen, der Suche nach einer Berufung oder schlechtem Gewissen. Wichtig ist vielmehr, dass Sie einen für Sie angenehmen Job in guter menschenfreundlicher Umgebung finden, dranbleiben an den wichtigsten Entwicklungsthemen und immer wieder etwas Neues finden, wenn Sie etwas suchen.
- Wenn es Ihnen darum geht, sich ein wirklich gutes, angenehmes Leben leisten zu können, dann akzeptieren Sie keine Jobs mehr, die gerade so zum Leben reichen und Ihnen möglicherweise nie oder sehr spät die Erfüllung Ihrer Träume erlauben. Machen Sie es zu Ihrem ersten und wichtigsten Ziel, mehr Geld zu verdienen. Entwickeln Sie Ihre Fähigkeiten systematisch weiter, investieren Sie in den Aufbau Ihrer Kompetenzen. Lernen Sie, nach und nach immer mehr Verantwortung zu übernehmen. Das ist ein Garant für finanzielle Aufstiegschancen.
- Wenn es Ihnen wichtig ist, selbst zu entscheiden, wann, wo und was Sie tun, dann hören Sie auf, sich mit Jobs herumzuschlagen, in denen Ihnen zu viel Anpassung abverlangt

wird, und fangen Sie an, Ihr eigenes Business, Ihr eigenes Netz aus Auftraggebern und ein zu Ihnen passendes Arbeitsmodell aufzubauen. Nehmen Sie sich damit so ernst, dass Sie wirklich spannende und funktionierende Einkommensmodelle erarbeiten. Messen Sie jeden Tag daran, ob Ihr Modell real etwas abwirft oder zumindest auf dem besten Weg dazu ist. Es ist ganz zentral, dass Sie sich nicht in Spielereien und Dauerrecherchen verlieren. Sie wollen Ihre Freiheit ja auch leben können.

- Wenn Ihnen Status und klassischer Erfolg wichtig sind, dann stehen Sie bitte dazu und konzentrieren sich auf eine erstklassige Karriere. Halten Sie sich nicht mit inneren Ambivalenzen auf, die vielleicht nur von irgendeinem schlechten Gewissen kommen, weil es angeblich oberflächlich oder sogar schlecht wäre, Geld, Anerkennung und Status wichtig zu finden. Sie wissen, was dran ist: der konsequente Ausbau Ihrer strategischen und politischen Fähigkeiten, gute Eigen-PR, überzeugende Visibility-Strategien, ein immer tieferes Verständnis des Arbeitsfeldes, in dem Sie tätig sind. Und beherzte Schritte, wenn es darum geht, Chancen zu erkennen und zu nutzen.
- Wenn es Ihnen darum geht, das, was Ihre Berufung ist, auch zum Mittelpunkt Ihrer Tätigkeit zu machen, dann hören Sie auf, sich ständig auf Kompromisse einzulassen. Fangen Sie so schnell wie möglich mit Ihrem Masterplan zu dem Leben an, von dem Sie schon lange träumen. Nehmen Sie die Tätigkeit, die Sie begeistert, zum Ausgangspunkt aller weiteren Planungen. Wie lässt sich heute schon ein Teil umsetzen, ein Schritt in Richtung Berufung gehen?
- Wenn Sie eine persönliche berufliche Vision haben und etwas Bedeutendes auf die Beine stellen wollen, dann konzentrieren Sie sich voll darauf und fördern Sie alles in Ihrem Leben, was Ihre Kreativität, Ihre Innovationskraft und Ihren Mut stärkt. Und hören Sie auf, sich selbst einzu-

reden, Sie seien doch ganz normal, so wie alle anderen. Sie sind es nicht. Umgeben Sie sich beruflich ausschließlich mit Menschen, die Ihre Vision unterstützen, die es spannend finden, für Sie und Ihre Ziele zu arbeiten. Akzeptieren Sie keine Halbheiten, und achten Sie darauf, dass Sie sich nicht überfordern. Gerade in den Phasen der Erholung kommen die besten Ideen, die Sie brauchen, um etwas ganz Besonderes zu erschaffen. Es ist klar, Sie leben nicht für Ihre Gesundheit, aber ohne sie gefährden Sie Ihre Vision. Oder können die Früchte Ihrer Arbeit nicht mehr genießen.

Ein Sonderfall liegt mir noch am Herzen, der nichts mit den Idealen unserer Leistungsgesellschaft zu tun hat. Es gibt Menschen, die gar nicht im klassischen Sinne arbeiten wollen. Sie haben eine ganz andere Vorstellung vom Leben. Es geht ihnen dabei eher um Lebensaufgaben. Solange diese Vorstellung wirklich von ihnen selbst kommt und nicht die Folge uralter Klischees ist oder einer Erziehung von vorgestern oder massiven Zweifeln an der eigenen Lebensfähigkeit und Selbstwirksamkeit entspringt, ist es aus meiner Sicht die beste Wahl, das für sich selbst zu akzeptieren und genau daraus das Beste zu machen. Wenn Sie beispielsweise aus tiefstem Herzen (bitte prüfen Sie ganz genau, dass kein MINDFUCK die Ursache ist!) der Meinung sind, für ein Leben als Mutter geboren zu sein und sich ausschließlich auf Ihre Kinder und vielleicht Ihren Partner konzentrieren zu wollen, dann brauchen Sie klare Lebensstrategien, um sich und Ihr Potenzial voll zu entwickeln, für Ihre persönliche Sicherheit im Leben zu sorgen und Ihr Leben insgesamt zu einem Rundumerfolg in eigener Sache zu machen. Dann ist zum Beispiel die Wahl des richtigen Partners das A und O für eine gelungene Lebensgestaltung. Und Ihre Fähigkeit, eine gute Beziehung langfristig und nachhaltig zu gestalten. Sie haben als erwachsener Mensch in einer freien Gesellschaft das Recht und die Freiheit, Ihr Leben und auch das, was Sie für sich unter Ihrer Lebenstätigkeit verstehen, selbst zu definieren. Dann ist es wichtig, dass Sie Menschen, vor allem einen Partner, finden, der genau dieses Lebensmodell unterstützt und mit Ihnen gemeinsam dafür sorgt, dass Sie nicht eines Tages, zum Beispiel im Fall einer Scheidung, in eine ungute Abhängigkeit von irgendwelchen Ämtern oder einem dringend benötigten nächsten Partner kommen, der Sie ernähren muss. Volle Potenzialentfaltung ohne Erwerbsarbeit heißt also, und das Gleiche gilt heute natürlich auch für Männer, dass Sie in Sachen Ihrer persönlichen materiellen Absicherung klug und konsequent vorgehen. Falls Sie über eigenes Vermögen verfügen und ohnehin nicht auf Zuwendungen anderer angewiesen sind, ist es wichtig, dass Sie sich mit Ihrem Vermögen auf eine konstruktive Art beschäftigen und dafür sorgen, dass es Sie auch in Zukunft ernähren wird.

Falls es Ihnen gar nicht um Geld geht, sondern darum, ein komplett alternatives Leben zu führen, auszusteigen und Ihren ganz eigenen Werten zu folgen, ist es ebenso wichtig, das ernst zu nehmen und sich nicht vor anderen dafür zu rechtfertigen. Im Lauf Ihres ganz persönlichen Weges werden Sie neue Menschen kennenlernen, die Sie verstehen und die wirklich zu Ihnen passen. Sie werden enorm davon profitieren, wenn Sie lernen, wann und wie Sie sich womöglich blockieren, wann und wie Sie ein altes Denken der Unfreiheit betreiben und was Sie tun können, um jederzeit zu einem Ihnen und Ihrem Leben angemessenen Denken der Freiheit zurückzukehren.

Wie Sie sehen, passt das, was ich Ihnen empfehle, auf die verschiedensten Lebens- und Arbeitsmodelle. Es ist einfach wundervoll und ein großes Privileg unserer Zeit, dass jeder Mensch seinen eigenen Weg authentisch, selbstbestimmt und nach seinen eigenen Erfolgskriterien gehen kann. Klassisch Karriere machen zu wollen ist genauso in Ordnung, wie eine volle Unabhängigkeit bei der Arbeit anzustreben. Ein tolles, einzigartiges Unternehmen zu gründen ist ebenso okay, wie einfach genug Geld zum Leben haben zu wollen und sich auf anderes als die Arbeit zu konzentrieren. Die eigene Berufung leben zu wollen ist ebenso gut und richtig, wie einfach für ein materiell sorgloses Leben zu arbeiten. Egal, was davon Ihnen besonders wichtig ist, wenn Sie sich darüber im Klaren sind, hat Ihr Berufsleben wieder eine echte Ausrichtung. Einfach deshalb, weil Sie wissen, dass Sie es so und nicht anders wollen. Und das fühlt sich verdammt gut an.

Was passiert, wenn Sie Ihr Potenzial entfalten?

Wenn Sie die Quelle Ihrer Arbeitsmotivation erkannt haben, kann die Reise zu Ihrer vollen beruflichen Potenzialentfaltung weitergehen – und damit stellt sich schon die nächste Frage, nämlich, was bedeutet für Sie persönlich Potenzialentfaltung? Vielleicht wissen Sie bereits, dass Coaching ursprünglich aus dem Spitzensport stammt und dazu da ist, vielversprechende Talente und professionelle Sportler so erfolgreich zu machen, wie es ihrem Potenzial entspricht. Ich bitte Sie, mit mir zu arbeiten, als sei ich Ihr ganz persönlicher Coach. Lassen Sie sich dazu die folgenden Fragen im MINDFUCK-freien, offenen Zustand durch den Kopf gehen. Beantworten Sie diese Fragen zuerst rein intuitiv und bei einem zweiten Durchgang am besten schriftlich. Falls die Fragen beim ersten Lesen noch zu herausfordernd und komplex sind, lesen Sie einfach ein Stück weiter, und lassen Sie sich von den drei Fallbeispielen inspirieren. Danach können Sie sich wieder beherzt an die eigenen Antworten machen.

Die zehn besten Fragen für Ihre berufliche Potenzialentfaltung

Ich habe für Sie die zehn wirksamsten Fragekomplexe für Ihre persönliche Potenzialentfaltung zusammengestellt und mit kurzen Erläuterungen präzisiert. Antworten Sie am besten intuitiv und schnell. Seien Sie offen, mutig und unerschrocken, und beobachten Sie, was der erwachsene Mensch in Ihnen, der sich wirklich ernst nimmt, benennt. Achtung: Falls unterwegs MINDFUCKS hochkommen, einfach kurz notieren, die Wachstumsimpulse dahinter freilegen, einbeziehen und weitermachen – zurück in die offene, neugierige potenzialorientierte Grundhaltung.

1. *Was heißt für Sie Potenzialentfaltung? Wenn Sie sich vorstellen, Sie haben sich eines Tages beruflich voll entfaltet: Was machen Sie dann? Wo und wie leben Sie dann? Wie sieht ein ganz normaler Tag in Ihrem voll entfalteten Berufsleben aus? In welcher Umgebung arbeiten Sie? Woran arbeiten Sie gerade? Allein? Mit anderen? Was sind das für Leute? Wie ist die Stimmung?* Malen Sie sich die Sache so ausführlich wie möglich aus. Was ändert sich in Ihrem Umfeld? Gibt es einen anderen Arbeitsort? Wenn ja, was ist dann anders, besser als heute? Die Stimmung, ist sie leicht und locker? Konzentriert? Emsig? Entspannt?

2. *Woran wird jemand von außen erkennen, dass Sie sich voll entfaltet haben? Woran Ihr Partner/Ihre Partnerin? Ihre Familie? Ihre Freunde? Woran Ihr Vorgesetzter/Ihre Vorgesetzte? Woran Ihre Kolleginnen und Kollegen? Ihre Mitarbeiter? Ihre Kunden, falls Sie wel-*

che haben? Merkt vielleicht sogar Ihr Haustier, wenn Sie eines haben, etwas? Oder haben Sie dann neuerdings eines?
Gehen Sie Ihr gesamtes Umfeld durch. Stellen Sie sich bitte vor, Ihr Ziel sei schon erreicht. Sie sind schon da, wohin Sie sich entfalten wollen! Sie sind schon der- oder diejenige, der oder die Sie sind, wenn Sie sich voll entfaltet haben. Sie beamen sich also in die Zukunft und schauen sich um, was in Ihrem Umfeld dann anders ist.

3. *Für wen arbeiten Sie dann?*
Für sich selbst? Für ein Unternehmen, einen Menschen, eine Institution oder eine Organisation, den oder die Sie wirklich gut finden?

4. *Wie sprechen Sie über sich und Ihre berufliche Tätigkeit? Was sagen Sie über sich und Ihren Beruf, wenn Sie jemand danach fragt? Wie wichtig sind dann die Finanzen? Wie viel verdienen Sie? Seien Sie bitte so konkret wie möglich. Nennen Sie ganz angstfrei eine Zahl!*
Es kann sein, dass Sie hier ein wenig Zeit brauchen und die passenden Formulierungen erst suchen müssen. Das ist ein gutes Zeichen! Sie sind mittendrin im inneren Such- und Veränderungsprozess. Die Zahl ist wichtig. Nicht einfach nur phantasieren, sondern ernst nehmen, nicht vergessen und nicht auslassen! Hier brauche ich Ihr Vertrauen. Beruf hat für fast alle von uns noch etwas mit materieller Existenz zu tun. Diese Seite sollten Sie deshalb ernst nehmen, damit Ihr Innerer Kompass seine Neuausrichtung leichter beibehalten kann.

5. *Wo stehen Sie im Moment? Was ist von heute aus gesehen das nächste Level Ihrer beruflichen Tätigkeit,*

um das es jetzt ganz konkret bei Ihnen geht? Welche Optionen haben Sie?
Jetzt ist eine ehrliche, offene Bestandsaufnahme gefragt. Und ein realistischer Blick auf die nächste berufliche Entwicklungsstufe. Zum Glück müssen Sie nicht alles sofort erreichen. Volle Entfaltung erfolgt in Phasen und Etappen.
Es gibt immer mehrere Möglichkeiten. Suchen Sie möglichst viele, und achten Sie darauf, welche Sie sofort am meisten reizen würde.

6. *Wann wissen Sie, dass Sie an diesem nächsten Level konkret arbeiten? Dass Sie wirklich dabei sind, nicht nur darüber nachdenken?*
Hier ist ein Check-up mit der Wirklichkeit gefragt. Es ist gut, eine verbindliche und motivierende Vereinbarung mit sich selbst zu treffen.

7. *Welche Herausforderungen wollen Sie dazu mutig anpacken?*
Jede Form von Potenzialentfaltung hat mit Herausforderungen zu tun. Einfach deshalb, weil wir uns nur dann weiterentwickeln und wirklich lernen, wenn wir etwas anders und neu machen in unserem Leben. Und das ist für uns immer emotional, fachlich oder körperlich herausfordernd.

8. *Welche Ihrer natürlichen menschlichen Grundfähigkeiten sind dazu besonders wichtig?*
Sie erkennen sie gut an den MINDFUCKS, mit denen Sie bisher Ihr Potenzial verschlossen haben.

9. *Wenn Sie die bisher von MINDFUCK überdeckten Wachstumsimpulse ernst nehmen, welche wollen schon*

lange Gehör finden? (Mut, Phantasie, Originalität, Zutrauen etc.)
Alles, was Ihnen sofort und ohne langes Überlegen einfällt, sind Ihre stärksten Impulse und Ressourcen.

10. *Womit beginnen Sie als Nächstes? Wann? Was ist heute anders? Was ist morgen anders?*
Je konkreter Sie jetzt bestimmen, was die nächsten Schritte sind, desto wahrscheinlicher werden Sie diese auch umsetzen. Dies ist bereits eine uralte Coaching-Erfahrung.

Alle Fragen beantwortet? Ihre Fähigkeit zu handeln und die Wahrscheinlichkeit, dass Sie es auch tun, ist damit enorm gestiegen. Wenn Sie sich nicht mehr blockieren, wissen Sie, was Sie wollen, oder wissen, was Sie noch brauchen, um es herauszufinden. Wenn Sie wissen, was Sie wollen, und sich damit blockadefrei ernst nehmen, werden Sie es angehen und nicht mehr zögern. Sie werden sich alle Informationen, die Sie vielleicht noch brauchen, besorgen und dann starten. Ob es darum geht, endlich den richtigen Job zu finden, im aktuellen Job voll durchzustarten, endlich ein längst fälliges Gespräch zu führen, sich etwas ganz Neues zu erarbeiten, steil aufzusteigen oder ein eigenes Unternehmen zu gründen, zu erhalten oder wachsen zu lassen: Jetzt ist der Zeitpunkt. Jetzt ist es dran. Ihre innere Haltung stimmt, und jede weitere Information fällt auf wirklich fruchtbaren Boden.

In meinen Seminaren oder Team-Coachings habe ich oft beobachten können, dass es den eigenen Denkprozess sehr befördert, sich auch die Überlegungen und Antworten anderer zu diesen Fragen anzuhören und gleichzeitig über das eigene Thema weiter nachzudenken. Lesen Sie also jetzt drei Beispiele aus der Praxis, bei denen ich genau diese Fragen gestellt habe.

Fallbeispiel: Stress im Büro – Eine klassische Lifestyle-Arbeiterin schafft sich ihr Biotop

Mareike ist Teamleiterin bei einem Telefondienstleister. Sie ist erst seit kurzem in einer Führungsposition und hat Angst, die Lust am Job zu verlieren. »Die Kollegen sind so anders jetzt. Es ist alles so anstrengend. Niemand redet mehr offen und locker mit mir. Ich brauche das aber, um mich wohl zu fühlen. Ich habe Angst, dass mich bald keiner mehr mag, dass ich isoliert bin, weil ich die Chefin bin (Katastrophen-MINDFUCK), dass mir niemand mehr vertraut (Misstrauens-MINDFUCK) und dass ich verdammt hart arbeiten muss, um die Zahlen zu bringen (Katastrophen- mit Druckmacher-MINDFUCK).« In der Analyse zeigt sich, dass Mareike vor allem ein materiell gutes Leben wichtig ist. Das richtige Auto, schick essen gehen, gute Kleidung. Status muss nicht unbedingt sein. Die Wachstumsimpulse hinter den Blockaden sind vielversprechend: Mut, Unerschrockenheit, Vertrauen und Zutrauen in sich und andere, hohe Leistungsfähigkeit im eigenen Timing.

Coach: »Was heißt für Sie Potenzialentfaltung? Wenn Sie sich vorstellen, Sie haben sich eines Tages beruflich voll entfaltet: Was machen Sie dann? Wo und wie leben Sie dann? Wie sieht ein ganz normaler Tag in Ihrem voll entfalteten Berufsleben aus? In welcher Umgebung arbeiten Sie? Woran arbeiten Sie gerade? Allein? Mit anderen? Was sind das für Leute? Wie ist die Stimmung?«

Mareike: »Ich arbeite mit einem tollen Team. Das ist mir ganz wichtig. Wir haben Spaß. Und wir haben Erfolg. Das ist uns allen wichtig. Ich bin nach wie vor Teamleiterin. Vielleicht sogar mehr, wenn ich mir die Sache mutig anschaue. Ist schließlich gut für mein Konto!«

Coach: »Woran wird jemand von außen erkennen, dass Sie sich voll entfaltet haben? Woran Ihr Partner? Ihre Familie? Ihre Freunde? Woran Ihr Vorgesetzter? Woran Ihre Kolleginnen und Kollegen? Ihre Mitarbeiter? Ihre Kunden? Merkt vielleicht sogar Ihr Haustier, wenn Sie eines haben, etwas? Oder haben Sie dann eines?«

Mareike: »Mein Freund wäre endlich wieder entspannt. Der hat im Moment richtig Angst vor unseren Abenden. Ich jammere ja nur rum. Meine Eltern würden beim Besuch endlich ihre Tochter wiedererkennen. Eigentlich lache ich gern und unternehme viel. Mein Chef wäre stolz, weil er mich immer gefördert hat und jetzt sieht, dass seine Rechnung aufgeht. Unsere Kunden wären superzufrieden. Ich habe meine Leute auf eine gute Art im Griff, wir sind top organisiert. Das merkt auch der Kunde. Haustiere? Ist ja lustig. Nee.«

Coach: »Für wen arbeiten Sie dann?«

Mareike: »Für mich und mein Team. Und für unsere Kunden. Klar.«

Coach: »Wie sprechen Sie über sich und Ihre berufliche Tätigkeit? Was sagen Sie über sich und Ihren Beruf, wenn Sie jemand danach fragt? Wie wichtig sind dann die Finanzen? Wie viel verdienen Sie?«

Mareike: »Fünfzigtausend sind drin.«

Coach: »Wo stehen Sie im Moment? Was ist von heute aus gesehen das nächste Level Ihrer beruflichen Tätigkeit, um das es jetzt ganz konkret bei Ihnen geht?«

Mareike: »Das nächste Level ist sicherlich, dass ich meine Position richtig ausfülle. Dass ich mich nicht vor den Führungsthemen drücke, sondern sie angehe. Mit den Kollegen spreche, mir vielleicht Rat bei meinem Chef hole. Der hat mich ins kalte Wasser geworfen. Aber trotzdem kann ich doch fragen. Er könnte mein Mentor sein!«

Coach: »Welche Optionen haben Sie?«

Mareike: »Wie gesagt, meinen Chef als Mentor gewinnen. Das finde ich eine gute Idee. Mit den Kollegen reden, wie ich mir unsere neue Zusammenarbeit vorstelle. Und mit allen einen trinken gehen, um die Lage zu entkrampfen.«

Coach: »Wann wüssten Sie, dass Sie an diesem nächsten Level konkret arbeiten? Dass Sie wirklich dabei sind, nicht nur darüber nachdenken?«

Mareike: »Wenn ich genau diese Dinge umgesetzt habe.«

Coach: »Welche Herausforderungen wollen Sie dazu mutig anpacken?«

Mareike: »Mit meinen Mitarbeitern sprechen – sagte ich gerade Mitarbeiter statt Kollegen? So ist es ja auch.« Lacht.

Coach: »Welche Ihrer natürlichen menschlichen Grundfähigkeiten sind dazu besonders wichtig?«

Mareike: »Mut, Drauflosgehen. Nicht kneifen. Ja, Mut und neugierig sein.«

Coach: »Wenn Sie die bisher von MINDFUCK überdeckten Wachstumsimpulse ernst nehmen, welche wollen dann schon lange Gehör finden?«

Mareike: »Das mit dem Mut. Und dann auch die Dinge in meinem Timing erledigen. Das gefällt mir gut. Die Freiräume dazu sind ganz klar da. Ich muss sie nur nutzen. Vertrauen in mich und meine Leute. Vertrauen darauf, dass sie mir wiederum vertrauen werden.«

Coach: »Womit beginnen Sie als Nächstes? Wann? Was ist heute anders? Was ist morgen anders?«

Mareike: »Jetzt entspanne ich mich erst mal. Ist wirklich alles halb so wild. Irgendwie habe ich ganz schön am Kabel gedreht. Warum eigentlich? Ist ja auch egal. Wichtig ist, dass es jetzt wieder vorangeht! Was ich tun muss, ist mir jetzt klar.«

Fallbeispiel: Wie man aus Krisen Chancen generiert – ein Status-Arbeiter erhöht seinen Spaßfaktor

Sebastian leitet die Regionalvertretung eines Fenster- und Türenherstellers. Er ist stolz auf seine Position, denn ein gutes Einkommen und Status sind ihm wichtig. Die Geschäfte

laufen jedoch nicht gut. »Irgendwo ist der Wurm drin«, sagt er. Es liege nicht an den Produkten. Er habe einfach den Eindruck, in der falschen Region zu sein. »Ich komme mit den Leuten hier nicht klar. Ich stamme nicht von hier. Die verstehen mich nicht. Und ich sie auch nicht.« Sein Blockadecode besteht aus Katastrophen-MINDFUCK (Ich werde in dieser Position scheitern und dann auf der Straße stehen), doppeltem Misstrauens-MINDFUCK (Die Bauherren hier geben mir keine Chance, ich bin ohnehin ein Versager, wenn ich ehrlich bin) und Regel-MINDFUCK (Nur wenn man super mit den Leuten in der Region klarkommt, kann man es schaffen). Er beschimpft sich selbst (Eltern-Ich) und fühlt sich hilflos (Kind-Ich). Die Wachstumsimpulse hinter den Blockaden sind für den gestandenen Vertriebsprofi: Neugierde, Mut, Vertrauen, Phantasie und Kreativität. Ich frage Sebastian, ob er Lust hat, aus dieser kritischen Situation eine wirklich starke Chance für einen echten Durchbruch in seiner beruflichen Entwicklung zu machen. Ja, hat er.
Coach: »Was heißt für Sie Potenzialentfaltung? Wenn Sie sich vorstellen, Sie haben sich eines Tages beruflich voll entfaltet: Was machen Sie dann? Wo und wie leben Sie dann? Wie sieht ein ganz normaler Tag in Ihrem voll entfalteten Berufsleben aus? In welcher Umgebung arbeiten Sie? Woran arbeiten Sie gerade? Allein? Mit anderen? Was sind das für Leute? Wie ist die Stimmung?«
Sebastian: »Das ist eine ganz schön emotionale Frage. Ich finde mein Team richtig gut. Die wollen alle, ebenso wie ich, Erfolg haben und sind sehr engagiert. Wenn ich mich voll entfaltet habe, läuft der Laden, und alle sind dabei. Mit ganzem Herzen, so wie ich. Wir freuen uns dann alle auf die Woche, sind gespannt, was passiert. Das Telefon steht nicht still.«
Coach: »Woran wird jemand von außen erkennen, dass Sie sich voll entfaltet haben? Woran Ihre Partnerin? Ihre Fami-

lie? Ihre Freunde? Woran Ihr Vorgesetzter? Woran Ihre Kolleginnen und Kollegen? Ihre Mitarbeiter? Ihre Kunden?«
Sebastian: »Meine Frau hat endlich wieder einen zufriedenen Mann zu Hause. Ich gehe wieder zum Sport, und mein Vorgesetzter freut sich nicht nur über die guten Zahlen, sondern auch darüber, dass ich wieder ganz der Alte bin: optimistisch, agil, dynamisch.«
Coach: »Für wen arbeiten Sie dann?«
Sebastian: »Für meine Kunden! Ich habe alle Hände voll zu tun, damit sie die Ware pünktlich auf dem Bau erhalten. Und für mein Unternehmen. Wir machen tolle Produkte, da stehe ich voll dahinter.«
Coach: »Wie sprechen Sie über sich und Ihre berufliche Tätigkeit? Was sagen Sie über sich und Ihren Beruf, wenn Sie jemand danach fragt? Wie wichtig sind dann die Finanzen? Wie viel verdienen Sie?«
Sebastian: »Ich bin stolz, Regionalleiter zu sein! Ich verdiene fast doppelt so viel, und es ist noch Luft nach oben.«
Coach: »Wo stehen Sie im Moment? Was ist von heute aus gesehen das nächste Level Ihrer beruflichen Tätigkeit, um das es jetzt ganz konkret bei Ihnen geht?«
Sebastian: »Das nächste Level wäre, dass ich endlich wieder angreife. Dass ich mich nicht mehr hängenlasse und lerne, wie ich hier, genau in dieser Region, einen 1A-Vertrieb aufbaue.«
Coach: »Welche Optionen haben Sie?«
Sebastian: »Ich muss raus zu den Leuten. Darf mich nicht verkriechen. Muss ins Gespräch kommen. Den Leuten in der Region ›aufs Maul‹ schauen. Ich kann mit meinen Freunden mal darüber reden. Ehrlich und offen nach ihrer Meinung fragen. Wie ich auf sie wirke und was ich besser machen könnte. Vielleicht liegt es auch an etwas anderem. Ich sollte wieder, wie in alten Zeiten, mein Gebiet abklappern.«
Coach: »Wann wüssten Sie, dass Sie an diesem nächsten Level

konkret arbeiten? Dass Sie wirklich dabei sind, nicht nur darüber nachdenken?«

Sebastian: »Da muss ich nicht mehr drüber nachdenken. Ich gehe das an. Wenn ich hier rausgehe, rufe ich meine Assistentin an und lasse sie den gesamten Kundenstamm ausdrucken.«

Coach: »Welche Herausforderungen wollen Sie dazu mutig anpacken?«

Sebastian: »Ich fahre zu den Leuten und spreche sie an. Zuerst die, die schon gekauft haben. Dann die Nachbarn.« Lacht und reibt sich die Hände.

Coach: »Welche Ihrer natürlichen menschlichen Grundfähigkeiten sind dazu besonders wichtig?«

Sebastian: »Meine Neugierde, mein Mut, meine Motivation. Ich bin nicht umsonst im Vertrieb tätig.«

Coach: »Wenn Sie die bisher von MINDFUCK überdeckten Wachstumsimpulse ernst nehmen, welche wollen schon lange Gehör finden?«

Sebastian: »Mut und Phantasie, glaube ich. Ich habe Lust, mir was Neues einfallen zu lassen. Etwas, worüber ich bei dem Meeting der Regionalleiter berichten kann. Dann könnte ich aus der Krise sogar etwas Neues erschaffen. Vielleicht haben wir ja etwas Wichtiges übersehen.«

Coach: »Womit beginnen Sie als Nächstes? Wann? Was ist heute anders? Was ist morgen anders?«

Sebastian: »Wie gesagt, ich rufe gleich meine Assistentin an. Spreche mit meinen Leuten, setze mich wieder selbst ans Steuer und nehme den Azubi mit auf Tour!«

Fallbeispiel: Burn-out – was dann? Vom klassischen Lifestyle-Arbeiter zum postmodernen Freelancer

Nina ist zweiunddreißig Jahre alt und hat schon viel erreicht. Sie hat bei weltbekannten Firmen im Marketing in leitender Position gearbeitet. Bis ihr alles zu viel wurde und sie wegen eines Burn-outs ausfiel. Sie kündigte, um sich endlich »selbst zu finden«, wie sie sagt. Doch jetzt ist ein halbes Jahr vergangen, und sie wird unruhig. »Ich habe einfach keine Idee und bekomme langsam Panik.« Sehen wir uns an, was Nina zu sich sagt. Immer wenn sie sich dabei ertappt, ein Stellenangebot in ihrem alten Umfeld zu studieren, warnt sie sich: »Wenn du wieder damit anfängst, machst du dich total kaputt« (Katastrophen-MINDFUCK). »Jetzt hast du endlich Zeit, deine Berufung zu finden, und kommst nicht voran« (Bewertungs- und Druckmacher-MINDFUCK). »Wenn du deine Berufung gefunden hast, wird alles viel leichter. Du wirst dann ohne diese Anstrengungen erfolgreich, weil du wirklich ›deins‹ machst« (Regel-MINDFUCK und Übermotivations-MINDFUCK). »Wenn du nicht langsam was findest, landest du noch unter der Brücke!« (Katastrophen- und Druckmacher-MINDFUCK). Ich frage sie, was ihr wichtig ist im Beruf. Sie sagt: »Ja, meine Berufung halt«, wirkt aber sehr unsicher dabei. »Haben Sie Ihre beruflichen Entscheidungen bisher so gefällt? Was war ausschlaggebend?« – »Um ehrlich zu sein, die Kohle muss stimmen, ich will viel reisen und mir auch Luxus gönnen.« Klingt nach klassischem Lifestyle-Arbeiter. Aber ist da noch mehr? Ich frage Nina, was sie an ihren bisherigen Jobs nicht mochte. »Man wird da in die Zange genommen. Das ständige Arbeitenmüssen. Die Überwachung. Der Druck.« – »Sie wollen also unabhängiger sein, mehr Herrin ihrer Zeit sein und trotzdem sehr gut verdienen?« – »Ja, das ist es!«, sagt sie. Also ist sie eine postmoderne Lifestyle-Arbeiterin! Ich analysiere noch die Eltern-Kind-Haltungen, zwischen denen sie im MIND-

FUCK-Modus hin und her wechselt, und schlage ihr vor, die Themen mit der Haltung eines echten Profis anzugehen. Schließlich hat sie einigen Grund zu Optimismus. Hinter ihren MINDFUCKS warten Großzügigkeit, sensible Wahrnehmung, gesundes Urteilsvermögen, Kreativität, starke Leistungen im eigenen Timing, Ressourcenbewusstsein und echte innere Motivation für ihre Arbeit.

Coach: »Was heißt für Sie Potenzialentfaltung? Wenn Sie sich vorstellen, Sie haben sich eines Tages beruflich voll entfaltet: Was machen Sie dann? Wo und wie leben Sie dann? Wie sieht ein ganz normaler Tag in Ihrem voll entfalteten Berufsleben aus? In welcher Umgebung arbeiten Sie? Woran arbeiten Sie gerade? Allein? Mit anderen? Was sind das für Leute? Wie ist die Stimmung?«

Nina: »Ich bin frei! Muss nicht in irgendeine Büroetage. Komisch, dass mir gerade dieses Bild kommt, aber es ist eindeutig. Ich mache aber immer noch Marketing. Ich glaube, ich berate Unternehmen und arbeite mit anderen Freelancern zusammen. Ich bin in einer kreativen Bürogemeinschaft mit anderen coolen Leuten. Designer, Marktforscher, Markenberater. Die Stimmung ist locker. Aber wir sind alle ehrgeizig und motivieren uns gegenseitig. Es ist toll, wenn einer einen guten Auftrag an Land zieht.«

Coach: »Woran wird jemand von außen erkennen, dass Sie sich voll entfaltet haben? Woran Ihr Partner/Ihre Partnerin? Ihre Familie? Ihre Freunde? Woran Ihre Kolleginnen und Kollegen? Ihre Kunden? Merkt vielleicht sogar Ihr Haustier, wenn Sie eines haben, etwas? Oder haben Sie dann neuerdings eines?«

Nina: »Ich habe einen Hund! Endlich!« Sie lacht befreit. »Komisch, dass mir das jetzt einfällt, aber ich wünsche mir schon so lange einen Hund. Unmöglich, wenn man Managerin in einem Konzern ist. Aber in der Bürogemeinschaft, da geht das! Ich hätte endlich einen festen Partner, für den ich

auch mal Zeit hätte.« Sie lacht wieder. »Ganz ehrlich, das ist wirklich eigenartig. Aber ich hätte endlich das Gefühl, dass ich eine ernsthafte Beziehung eingehen kann. Mein ehemaliger Chef, den ich sehr mag, würde sich für mich freuen. Und mich vielleicht sogar weiterempfehlen. Meine Kunden würden sich auf mich freuen. Weil ich locker bin, weil es Spaß macht, mit mir zu arbeiten, weil ich weiß, wovon ich rede.«
Coach: »Für wen arbeiten Sie dann?«
Nina: »Für mich. Und für meine Kunden. Gleich stark.«
Coach: »Wie sprechen Sie über sich und Ihre berufliche Tätigkeit? Was sagen Sie über sich und Ihren Beruf, wenn Sie jemand danach fragt? Wie wichtig sind dann die Finanzen? Wie viel verdienen Sie? Seien Sie bitte so konkret wie möglich. Nennen Sie ganz angstfrei eine Zahl!«
Nina: »Ich bin Beraterin. Ich weiß noch nicht, welchen guten Titel ich mir einfallen lasse, aber da kommt noch was. Ich verdiene nach einem Jahr ebenso viel wie vorher. Sechsstellig. Und nach drei Jahren das Doppelte.«
Coach: »Wo stehen Sie im Moment? Was ist von heute aus gesehen das nächste Level Ihrer beruflichen Tätigkeit, um das es jetzt ganz konkret bei Ihnen geht?«
Nina: »Ich muss mein Beratungsbusiness konzipieren und aufbauen. Das macht mir Spaß. Ich habe so viele Produkte vermarktet. Jetzt bin ich das Produkt. Ist doch aufregend!«
Coach: »Welche Optionen haben Sie?«
Nina: »Klassisch wäre, wenn ich im gleichen Feld arbeiten würde wie bisher. Kampagnen, Markteinführungen von Produkten und Neuheiten. Ich wollte aber immer schon mehr in die Tiefe gehen. Strategie und Marketing zusammen denken. Da könnte ich auch mit einem Freund zusammenarbeiten. Der hat gerade eine große Beratung verlassen.«
Coach: »Wann wüssten Sie, dass Sie an diesem nächsten Level konkret arbeiten? Dass Sie wirklich dabei sind, nicht nur darüber nachdenken?«

Nina: »Wenn ich an meinem Business-Konzept sitze. Am Namen, dem Logo. Das alles macht mir Spaß, prickelt.«
Coach: »Welche Herausforderungen wollen Sie dazu mutig anpacken?«
Nina: »Die Akquise ist neu für mich. Da muss ich mich reinfuchsen. Mich mal umhören. Ich kenne ja Berater von früher.«
Coach: »Welche Ihrer natürlichen menschlichen Grundfähigkeiten sind dazu besonders wichtig?«
Nina: »Neugierde und Mut. Mir nicht blöd vorkommen, weil ich die Seiten gewechselt habe.«
Coach: »Wenn Sie die bisher von MINDFUCK überdeckten Wachstumsimpulse ernst nehmen, welche wollen schon lange Gehör finden?«
Nina: »Ich glaube, Mut und Kreativität. Und immer mein Ziel vor Augen zu haben, meine natürliche Motivation kommen lassen. Nicht immer alles in Frage stellen. Einfach geradeaus leben. Was kann schon passieren? Wird doch spannend. Im Notfall komme ich irgendwo unter.«
Coach: »Womit beginnen Sie als Nächstes? Wann? Was ist heute anders? Was ist morgen anders?«
Nina: »Als Erstes kreiere ich meine Visitenkarte. In einem Seminar habe ich einmal eine Collage angefertigt. Ich brauche so was, um mir ein echtes Bild zu machen. Damit fange ich an. Das macht Spaß. Und ich erkundige mich nach Fördermitteln. Vereinbare einen Termin mit Gründungsberatern.«

Was fällt an diesen Beispielen besonders auf? Dass Menschen, die eine natürliche entfaltungsorientierte Haltung einnehmen, ganz von selbst Ideen entwickeln. Das nenne ich »kreative Explosion«. Sie wird dann möglich, wenn wir unsere Muster erkannt haben und uns nicht mehr von ihnen stören lassen. Wir denken nicht mehr in Sackgassen, sondern offen.

Es kommen einfache, klare und machbare Ideen. Die Aufregung und das Drama sind aus den Themen verschwunden. Es entsteht ein natürlicher Optimismus, der nicht übermotiviert oder realitätsfern ist. Ganz im Gegenteil: Wir wissen dann, was wir können. Wir erlauben uns auch, einfach klar auszusprechen, was wir wollen. Und ab einem bestimmten Punkt entsteht das Gefühl, sofort loslegen zu wollen. Es ist, als ob endlich wieder die richtigen Botenstoffe andocken könnten an unserem Motivationszentrum im Gehirn.

Warum es schnell gehen kann und sich Geduld trotzdem lohnt

Blockaden zu überwinden, ist ein mehrstufiger Prozess. Manchmal ist ein MINDFUCK bereits so wackelig wie ein loser Kinderzahn. Sie wissen längst, dass es einfach Unsinn ist, was Sie da denken. Dann hilft bereits die Erkenntnis, dass es doch nur MINDFUCK ist. Und dass Sie jederzeit anders denken und fühlen können. »Die Kollegen machen eine dumme Bemerkung über meine Bluse? Ist doch einfach nur MINDFUCK. Brauche ich nicht. Was ist wirklich wichtig heute?« Aufregung vor dem Bewerbungsgespräch? Sie grübeln darüber nach, was alles schiefgehen könnte? Ist doch nur MINDFUCK. Damit stören Sie sich nur. Brauchen Sie nicht. Sie entscheiden sich für Neugierde und bereiten sich bei klarem Verstand motiviert und konzentriert auf das Gespräch vor. Sie sind kurz davor, einen wirklich spannenden Auftrag an Land zu ziehen, und fangen an, sich selbst zu blockieren, weil Sie sich Fragen stellen wie: »Schaffe ich das? Will ich das überhaupt?« etc. Sie spüren, wie Sie ins Kind-Ich oder Eltern-Ich abrutschen, und steuern dagegen, und zwar hinein in Ihr aufregendes Leben als Erwachsener mit einer Herausforderung, die Sie in der natürlichen humanen Grundhaltung anpacken: offen, neugierig, mit Lust auf kreative

Ideen und originelle Lösungen. Bei den chronischen Blockaden, die Sie bereits so häufig durchgespielt haben, dass Sie sie mit Ihrer echten Persönlichkeit verwechseln, kann es manchmal ein wenig länger dauern, bis Sie sich daran erinnern, dass auch hier das gleiche Prinzip für die volle Entfaltung Ihres eigentlichen Potenzials gilt: MINDFUCK erkennen – MINDFUCK zuordnen, den Code entschlüsseln und knacken, die innere Haltung herausfinden und gegensteuern: Ins Erwachsenen-Ich gehen, sich öffnen, wieder neugierig sein auf das Thema, die natürliche humane Grundhaltung einnehmen, sich also noch mal öffnen, auf das Ziel zugehen, statt sich zu ducken, und die Wachstums- und Entfaltungsimpulse, die hinter dem Code verborgen sind, freilegen und direkt auf die Situation hin anwenden und nutzen. Je stärker Sie sich an dieses Vorgehen gewöhnen, je mehr es Ihnen in Fleisch und Blut übergeht, desto leichter werden Sie in allen Lebensbereichen Ihr volles Potenzial entfalten. Im Job werden Sie sofort weniger Stress und mehr Wirksamkeit erleben. Sie werden sich einfach nicht mehr so leicht verrückt machen, sind weniger manipulierbar und hören auch damit auf, andere zu blockieren. Man wird es Ihnen anmerken, dass sich etwas sehr zum Positiven verändert hat. So macht Veränderung Spaß.

Was mich bei der Arbeit mit dieser Methode immer wieder überrascht, ist die unaufgeregte, pragmatische Veränderungsfähigkeit von Menschen selbst bei komplexen Themen und die Nachhaltigkeit der Ergebnisse. Meine Klienten treffen oft noch während des Coachings eine Entscheidung und setzen einfach um, was sie sich vorgenommen haben. Wenn ich nach einiger Zeit nachfrage, sind sie oft überrascht und verstehen gar nicht, wie ich darauf kommen könnte, dass sie noch nicht längst so weit wären.

Wie man einen wirklich guten Plan macht

Für die meisten Menschen ist es sehr motivierend, sich gute und attraktive berufliche Ziele zu setzen. Sie wollen wissen, wo die Reise hingeht, möchten einen Plan machen. Falls Sie auch zu diesen Menschen gehören, zeige ich Ihnen jetzt, wie Sie Ihre berufliche Potenzialentfaltung störungsfrei und pragmatisch planen können. Jetzt, wo Ihr Innerer Kompass genau darauf ausgerichtet ist und sich nicht mehr mit Kleinlichkeiten, Ängsten und Zweifeln beschäftigt, können Sie auch große Ziele wagen und Ihre Perspektive deutlich erweitern. Wir können weiter als vorher in unsere Zukunft ausgreifen und darauf vertrauen, dass wir ganz organisch nach und nach die Fähigkeiten aufbauen werden, die wir dann brauchen.

Ich habe einmal in einem Unternehmen mit hochtalentierten Frauen gearbeitet, die aber nicht den Mut hatten, den nächsten, geschweige denn übernächsten Karriereschritt überhaupt in Erwägung zu ziehen. Die Personalentwickler waren verzweifelt. »Wie kann das sein? Wir möchten diesen Frauen eine tolle Chance bei uns bieten, doch sie trauen sich nicht, zuzugreifen!« Sie ahnen wahrscheinlich, dass die Damen stark mit Bewertung, Misstrauen und Selbstverleugnung zu tun hatten und erst alles komplett und überperfekt beherrschen wollten, bis sie sich überhaupt erlauben konnten, weiterzudenken. In dieser Konstellation von MINDFUCKS wird man aber niemals fertig sein und somit dauerhaft auf der Stelle treten. Dazu kam noch ein weiteres Hindernis: Sie stellten sich vor ihrem inneren Auge vor, sie müssten mit genau diesen – niemals ausreichenden – Fähigkeiten von einem Tag auf den anderen zwei Karrierestufen überspringen

und ab morgen aus dem Nichts heraus eine Abteilung mit zweihundert Menschen führen. Genau so geht es vielen Menschen, die sich an größere Ziele heranwagen. Sie kneifen, weil sie nicht mit einkalkulieren, dass sie ein ganz anderer Mensch mit deutlich größeren Fähigkeiten sein werden, wenn sie den übernächsten Schritt gehen.
Manchmal können also auch aus dem Erwachsenen-Ich Gedanken auftauchen, die irritieren. Zum Beispiel: »Ganz schön groß, was ich mir da wünsche. Keine Ahnung, wie ich das angehen soll.«

Es gibt den schönen Spruch: Wie verspeist man einen Elefanten? Die Antwort: Stück für Stück. Auch große Ziele lassen sich also erreichen, indem wir sie in kleine Portionen aufteilen. Potenzialorientierte Erfolgsplanung erfolgt aus meiner Erfahrung genau so. Dazu habe ich ein einfaches Modell entwickelt, das sich in der Praxis sehr bewährt hat. Ich nenne es das »Modell konzentrischer Potenzialentfaltung«. Es funktioniert wie bei einem Stein, den Sie in einen spiegelglatten See werfen. Dort, wo der Stein ins Wasser fällt, breiten sich nach und nach konzentrische Kreise aus.

Das Modell der konzentrischen Potenzialentfaltung

Schauen wir uns das Modell näher an. Der Tag, an dem Sie sich entscheiden, innere Blockaden nicht mehr ernst zu nehmen und sie einfach nicht mehr als Richtschnur für Ihr Leben zu akzeptieren, ist der Mittelpunkt des Modells. Die Entscheidung innerlich getroffen zu haben, ist der Punkt, an dem der Stein im Wasser auftrifft. Eigentlich ist das wie ein kleiner Urknall. Von ihm aus werden sich alle Ihre Energien neu und in weiten Teilen störungsfrei entfalten. Es gibt nur noch echte Störungen, also reale äußere Bedingungen und Situationen, die vielleicht Ihr Hirnschmalz, Ihr Durchhaltevermögen, Ihre Kompetenzen und Ihren ganzen Realitätssinn verlangen. Das besonders Aufregende und Schöne ist: Sie werden auf jeder neuen Kreisbahn ein anderer, weiter entfalteter Mensch mit anderen Fähigkeiten, Blickwinkeln und Lösungskompetenzen sein als auf der vorherigen.

Wie können Sie mit diesem Modell nun einen echt guten Plan für Ihre volle berufliche Potenzialentfaltung machen? Ich empfehle Ihnen, in Sieben-Jahres-Ringen zu denken und zu planen. Stellen Sie sich zuerst die Frage, wer Sie sind und wo Sie beruflich in sieben Jahren stehen. Dann fragen Sie sich, wer Sie in vierzehn Jahren sind und wo Sie stehen, dann, wie es in einundzwanzig Jahren aussieht, wenn Sie sich voll und ganz entfaltet haben und Lebensqualität, Können und Leistung Hand in Hand gehen.

Schreiben Sie sich die Jahreszahlen und das Alter, das Sie dann haben werden, auf. Sie sollten eine Perspektive anvisieren, die groß genug ist, um wirklich Respekt und Anerkennung für sich aufkommen zu lassen, und die gleichzeitig Ihre ganze Lust auf eine solche Zukunft herauskitzelt. Von dieser Perspektive aus können Sie ganz einfach Jahr für Jahr zurückrechnen und sich wirklich schöne, attraktive und realistische Ziele innerhalb eines Sieben-Jahres-Korridors setzen. Das bedeutet, dass Sie jeden einzelnen Sieben-Jahres-Ring dann in beliebig viele Unterringe aufteilen – wie die Jahresringe eines schönen alten Baums. Jeder Unterring ist ein weiterer Lern- und Entwicklungsschritt, den Sie auf Ihr großes Sieben-Jahres-Ziel hin umsetzen. Mit dieser Methode werden auch große Ziele wirklich handhabbar, und es zeigt sich, dass berufliches Wachstum ein ganz natürlicher Prozess ist, wenn wir ihn offen und störungsfrei angehen. Die Potenzialentfaltung in Sieben-Jahres-Ringen gehört zu den wichtigsten und wirksamsten Coachingtools, die meinen Klienten einen MINDFUCK-freien Schub echter Motivation bereiten. Die Wahrscheinlichkeit, dass Sie sich erstmals wirklich auf den Weg machen und nicht nur träumen, steigt enorm an! Vor allem dann, wenn Sie immer wieder sensibel darauf achten, ob MINDFUCKS hochkommen und was dahinter für Goldnuggets auf Sie warten.

Vor kurzem arbeitete ich mit einer Frau, die als Kommunikationsmanagerin in einem Unternehmen tätig ist. Ihr großer Traum ist, eines Tages eine unabhängige Expertin zu werden, die frei für verschiedene Unternehmen arbeitet, Interviews gibt, die ganze Welt bereist und von überall aus arbeiten kann. Eine schöne und große Vision. Eine Mischung aus Visions-Arbeit und freiem Lifestyle. Aus ihrer heutigen Position als Angestellte erschien ihr dieses attraktive Ziel sehr weit weg. »Wie soll ich das denn machen? Mich kennt doch keiner. Ich habe mir erst kürzlich eine Wohnung gekauft und muss die noch mehrere Jahre lang abbezahlen.« Betrachten wir die Sache mit dem Modell der konzentrischen Potenzialentfaltung, dann ist zunächst der erste Kreis dran; er symbolisiert das nächste Level der beruflichen Entfaltung für die kommenden sieben Berufsjahre meiner Klientin. Wir erarbeiteten das Ziel, dass sie innerhalb dieser Zeit ihr genaues Interessensfeld definieren, ein erstes Buch schreiben und eine eigene Beratungspraxis eröffnen würde. In sieben Jahren also sollten die Grundlagen ihrer großen beruflichen Vision stehen. Davon abgeleitet, entwickelten wir die Unterkreise innerhalb des ersten Sieben-Jahres-Ringes, also die Zwischenschritte hin zum Ziel. Zuerst einmal galt es herauszufinden, wie der heutige Stand des Expertenwissens zu ihrem Interessensfeld überhaupt aussieht. Es folgten Monate der nebenberuflichen Recherche, des Lesens und der Gespräche mit Fachleuten. Dann hatte sie das genaue Thema herausgefunden, mit dem sie sich weiter beschäftigen und positionieren wollte. Das eigene Thema zu finden, war also der erste Schritt, der den ersten Unterkreis ausfüllte und absolut keine Überforderung für meine Klientin darstellte. Im ersten Unterkreis müssen wir noch nicht unser gesamtes Leben umkrempeln. Wir sind noch im Sammel- und Entwicklungsstadium und können einfach unseren Blick in alle Richtungen schweifen lassen, die uns interessieren. Ist das Thema oder die Tätigkeit wirklich interessant? Gibt es eine Möglichkeit, einmal mehr zu erfahren und etwas auszuprobieren? Wie funktioniert die Tätigkeit oder das nächste Level im Job, das uns interessiert? Welche Fähigkeiten braucht man dazu? Wie kann man diese Fähigkeiten erwerben? Wie sieht der Alltag aus? Was sind die Herausforderungen, aber auch die wirklich guten Chancen und Momente, die glücklich machen? Wie sieht die finanzielle Seite aus? Alle diese Fragen können Sie sich auch dann stellen, wenn es gar nicht darum geht, den Job zu wechseln, sondern einfach die nächste Stufe einer Laufbahn anzuvisieren. In allen Fällen brauchen Sie das, was ich Weltwissen nenne. Solange Sie keine Ahnung haben, wie der nächste Schritt genau funktionieren kann, und sich vielleicht noch auf Vorurteile und Warnungen von anderen verlassen, kommen Sie noch nicht weiter. Ein Coach ist übrigens genau dazu da, mit Ihnen Strategien dieser Art zu entwickeln und Sie dabei wohltuend herauszufordern. Entweder hat er oder sie selbst wichtiges Weltwissen, das Sie jetzt gut brauchen können, oder er bzw. sie hilft Ihnen dabei, herauszufinden, wie Sie an diese Informationen kommen und welche Fragen wirklich relevant sind.

Es gilt also bei jeder Art von beruflicher Potenzialentfaltung, mehr echtes Wissen und mehr Weltkenntnis zu erreichen. Und das erschöpft sich nicht in einer Internet-Recherche, sondern noch viel mehr im echten Erleben und Ausprobieren. Nehmen wir an, Sie hätten den Traum, Künstler oder Künstlerin zu werden. Zur Kunstwelt gehört natürlich auch der Kunstmarkt, die Messen, die Galerien und die Sammler, die Kunst kaufen. Viel wichtiger ist aber, sich selbst einmal für eine gewisse Zeit als Künstler zu erleben. Einen Raum zum Atelier zu machen, sich das Material zu besorgen und anzufangen, kreativ zu arbeiten. Wie fühlt sich das an? Wollen Sie mehr davon? Schaffen Sie es, abzuschalten und nicht ständig daran zu denken, ob sich »das Zeug auch verkaufen lässt«? Wenn ein Beruf Ihr Hauptberuf sein und Sie persönlich und finanziell erfüllen soll, sollten Sie ihn zuerst einmal gerne täglich ausführen wollen. Viel zu viele von uns entwickeln zu oft Ideen auf dem Reißbrett und zögern zu lange, statt zu prüfen, wie sich diese Idee tatsächlich in der Umsetzung anfühlt. Vor einigen Jahren kamen einige hervorragend ausgebildete Klientinnen mit der Idee zu mir, ein Café aufzumachen, in dem auch Kindersachen verkauft werden. Ich wunderte mich sehr darüber, dass es tatsächlich *einige* Frauen waren, die genau mit dieser Idee zu mir kamen. Auf den zweiten Blick verstand ich jedoch: Sie hatten gerade selbst Kinder bekommen, fühlten sich beruflich unterfordert und wählten das Naheliegende, das ihnen im Moment noch das beste Gefühl vermittelte: in Ruhe eine Tasse Kaffee trinken, die Kinder dabeihaben und nicht mehr so isoliert zu Hause sitzen. Nicht jede Mangelerfahrung taugt aber zu einer echten beruflichen Perspektive. Gastronomisch tätig zu werden und in den Handel einzusteigen, kann ein echter Knochenjob sein, für den man darüber hinaus nicht zu knapp investieren muss. Das ist die Realität. Auch diejenigen Gastronomen und Boutiquen-Besitzerinnen, die ihren Traum mit Leib und Seele umgesetzt haben, werden dem beipflichten. Die eigenen Wünsche, Ideen und Fähigkeiten müssen also mit den Anforderungen und Realitäten der Welt übereinkommen, damit wir beruflich unser Potenzial nicht nur erträumen, sondern auch verwirklichen können.

Tipp: Planen Sie Ihre nächsten beruflichen Schritte nach dem Modell der konzentrischen Potenzialentfaltung. Was werden Sie mit dem ersten Sieben-Jahres-Kreis erreicht haben? Was mit dem zweiten? Was mit dem dritten? Welche Aufgaben liegen innerhalb der jeweiligen Kreise, nämlich der Unterkreise, vor Ihnen? Was sind konkret die ersten Schritte? Wie geht es danach weiter? Für diese Arbeit lohnt es sich sehr, mit einem dafür ausgebildeten Coach zu arbeiten. Achten Sie darauf, dass er oder sie sich in dem Bereich, in dem Sie weiterkommen wollen, auskennt oder so versiert ist, dass er Ihnen die richtigen Fragen stellen kann, die Sie weiterbringen. Verschaffen Sie sich mehr Informationen über die Realität, bleiben Sie dabei immer und strikt im selbstwirksamen balancierten Erwachsenen-Ich, und seien Sie hellhörig, wenn MINDFUCKS aufkommen. Wenn Sie Experten aus dem eigenen Umfeld fragen, achten Sie bitte auch auf deren MINDFUCKS. Wenn Sie einen frustrierten Bereichsleiter in einem Unternehmen fragen, wie sein Job ist, wird er Ihnen eine wahre Jammertirade präsentieren und tausend Gründe dafür finden, warum sein Job einfach kein guter Job ist. Echte Experten sind keine chronischen Entmutigungsexperten, sondern Menschen, die Ihnen auf Augenhöhe ihre Meinung und ihr Wissen zur Verfügung stellen, ohne Sie in irgendeine Richtung drängen zu wollen.

Lassen Sie sich überraschen, was in den äußeren Kreisen passiert, wenn Sie sich innerhalb eines Rings voranbewegen. Sie werden ganz von selbst Ihre Grenzen erneut ausdehnen. Es werden neue Ideen und Visionen auftauchen, einfach weil es in unserer menschlichen Natur liegt, uns kreativ weiterzuentwickeln und nach neuen Ufern zu streben, wenn wir dies nur zulassen. Noch ein Beispiel gefällig? Einer meiner Klienten plante den Aufbau einer kleinen Firma und wollte gerne vier Wochen im Winter Urlaub in der Sonne machen. Das war zwar ein schönes Ziel und ein echter Fortschritt gegenüber seiner aktuellen Situation als Angestellter in einem langweiligen Unternehmen, aber es war noch nicht das, was sich nach voller Potenzialentfaltung anfühlte. Er wollte nicht mit eigenen Mitarbeitern »gebunden« sein, und vier Wochen im Süden klangen zwar gut, aber nicht wirklich nach einem anderen Leben. Heute arbeitet er als Freelancer, der seine Arbeitskraft frei und hochbezahlt zur Verfügung stellt, in einem internationalen Netzwerk mit Kollegen in aller Welt, lebt im Winter im Süden und im Sommer, wenn es auch in unseren Breitengraden schön ist, im Elsass. Eine einfache und gleichzeitig faszinierend schöne Idee, die er im MINDFUCK-freien Sowohl-als-auch-Denken sofort entwickeln und Kreis um Kreis planen und umsetzen konnte.

Konsequent den eigenen Weg gehen

Wenn es um große Veränderungen geht und Sie Ihr Berufsleben ganz neu gestalten wollen, möchte ich Sie noch auf einige neuralgische Punkte hinweisen, die Sie kennen sollten. Es ist möglich, dass Sie ein paar Freunde verlieren werden, die ich falsche Freunde nenne. Sie verlassen nicht nur Ihre eigene Komfortzone, sondern auch die Ihrer bisherigen Umgebung, und damit kann nicht jeder gut umgehen. Ein Leben im Erwachsenen-Ich wirkt auf andere stark und charismatisch. Einfach deshalb, weil es stark und charismatisch *ist*. Für viele Menschen ist es absolut neu, sich so zu erleben und auf andere so zu wirken. Und manche schrecken zunächst zurück, weil sie merken, dass sich die gesamte Strömung ihres Lebens dreht, wenn sie aufhören, sich selbst zu sabotieren.

Der Schlüsselmoment bei der Entfaltung Ihres Potenzials ist es deshalb, den inneren Schalter umzulegen und eine echte Entscheidung zu treffen. Eine Entscheidung zu treffen ist mehr, als eine Idee gut und überzeugend zu finden. Sie werden es jederzeit innerlich wissen, ob Sie die Entscheidung schon getroffen haben oder immer noch darüber nachdenken. Es ist Ihnen dann einfach klar, dass Sie nichts anderes mehr akzeptieren als eine blockadefreie Innen- und Außenwelt. Sie denken nicht mehr aus dem Eltern-Ich heraus, dass es gut wäre, etwas zu tun, sondern treffen aus dem Erwachsenen-Ich heraus eine Entscheidung. Sie erkennen, dass Sie eine Entscheidung gefällt haben, auch daran, dass Zweifel, Ambivalenzen und MINDFUCK-Attacken kurz auftauchen können, aber keine Chance mehr haben, Ihr Handeln negativ zu beeinflussen. Wenn destruktive Selbstzweifel aufkommen, gehen Sie diesen Gedanken nicht mehr nach und suchen nicht mehr nach Gründen, warum sie wahr sein könnten, sondern Sie erkennen, dass es blockierende Selbstzweifel sind, die Sie nicht weiterbringen. Sie nehmen dieses innere Gejammere nicht mehr ernst. Sie merken instinktiv, wenn Gedanken dieser Art im Anflug sind, und sagen sich ganz von selbst: »Stopp!« Sie akzeptieren es einfach nicht mehr. Diese Form von innerer Reife hat damit zu tun, dass

Sie sich immer mehr an ein Denken innerer Freiheit gewöhnen, dass Ihr Innerer Kompass neu gepolt ist. Sie haben dann irgendwann eine ganz natürliche Aversion gegen jede Art der destruktiven Selbstbeschränkung. Sie merken sehr schnell, wenn andere in den Blockademodus fallen, können sich ganz natürlich abgrenzen und vielleicht sogar sehr positiv auf andere wirken.

Besonders in den ersten Wochen und Monaten auf dem Weg in ein Berufsleben ohne Selbstsabotage empfehle ich Ihnen, sich immer wieder bewusst mit Ihren echten Zielen und beruflichen Wünschen zu befassen. Nehmen Sie sich regelmäßig Zeit dafür. Sind Sie noch auf Kurs? Gibt es neue MINDFUCKS? Welche hilfreichen Impulse stecken dahinter? Was können Sie daraus machen?

Die Chance ist riesengroß, dass Ihnen diese Methode nicht nur ein vorübergehendes Wellness-Gefühl verschafft, sondern den Inneren Haltungswechsel bringt, von dem ich eingangs gesprochen habe. Dass Ihr Kompass auf Potenzialentfaltung, Erfolg und Lebensqualität ausgerichtet ist und Sie immer mehr Erfahrungen machen, die diese Ausrichtung wiederum stärken. Sie können den Inneren Haltungswechsel sogar auf alle anderen Gebiete Ihres Lebens ausdehnen.* Aus der langjährigen Erfahrung in der Arbeit mit dieser Methode möchte ich Sie aber davor warnen, aus den Entdeckungen, die Sie in Bezug auf MINDFUCK in Ihrem Denken gemacht haben, wieder einen neuen MINDFUCK zu kreieren. Bitte werten Sie sich nicht ab, wenn Sie einmal in den MINDFUCK-Modus zurückfallen sollten. Möglicherweise ist eine Situation in Ihrem Leben so neu, dass Sie zunächst unbewusst auf alte Muster zurückgreifen. Sie sind dann kein hoffnungsloser Fall, sondern einfach ein Mensch und keine

---

* Siehe auch: *MINDFUCK.Love. Wie wir uns in der Liebe selbst sabotieren und was wir dagegen tun können,* München 2014.

Maschine. Menschliches Lernen funktioniert nicht immer linear, sondern manchmal konzentrisch oder mit zwei Schritten voraus und einem wieder zurück. Ganz entscheidend ist, dass Sie dranbleiben, weitertrainieren und Ihr Denken immer wieder in eine reife, konstruktive Richtung bringen.

Die vier Fähigkeiten des Erwachsenen im Job

Solange Sie Ihre beruflichen Ziele aus dem Erwachsenen-Ich heraus entwickeln und planen, werden Sie sie sehr wahrscheinlich auch umsetzen und erreichen. Aus dieser balancierten und selbstwirksamen Haltung heraus können Sie speziell auf vier Fähigkeiten zugreifen, die Sie brauchen, um auch anspruchsvolle und höchst attraktive Ziele zu verwirklichen. Ausführlichere Hinweise und Übungen dazu finden Sie in meinem Buch *Mindfuck. Das Coaching* (s. Anhang). Hier eine Zusammenfassung der wichtigsten Fakten:

1. Sich selbst ernst nehmen

Sich selbst im Job ernst zu nehmen heißt, seine eigenen Wünsche, Fähigkeiten und Ziele zu kennen und wirklich zu verfolgen. Sie überschätzen und unterschätzen sich nicht, und Sie verschaffen sich die Kenntnisse über die Welt da draußen, die Sie wirklich brauchen, um weiterzukommen. Sie richten sich nicht mehr in irgendeiner Phantasiewelt oder in einem mentalen Folterkeller ein, sondern akzeptieren mittel- und langfristig nur die Lebens- und Arbeitsumstände, die Sie brauchen, um erfolgreich und glücklich sein zu können. Kompromisse sind Kompromisse, und die gehen Sie nur kurzfristig ein. Sie reden sich nicht ein, dass es schon okay ist, wenn etwas eigentlich weit unter Ihren Möglichkeiten, Fähigkeiten, Leistungen und Wünschen läuft. Wenn Sie den Eindruck haben, mehr Geld oder eine andere Position verdient zu haben und ausfüllen zu wollen, dann gehen Sie das an, ohne zu kneifen, zu kokettieren oder ein Drama daraus zu machen. Sie nehmen sich und Ihre beruflichen Ziele einfach zu ernst, um das alles mit Spielchen zu vertändeln. Sie lassen sich bestimmte Formen von Feigheit oder Bequemlichkeit nicht mehr durchgehen und nehmen die Dinge selbst in die Hand. Ausreden, Selbstzweifel und Jammern sind Ihnen dann ebenso fremd, wie andere für Ihre Themen verantwortlich zu machen, Ihre eigenen Blockaden auf MINDFUCK zu schieben und daraus wiederum einen neuen MINDFUCK zu machen. Sie wissen, dass Sie jederzeit im Erwachsenen-Ich mit der richtigen, menschengerechten Strategie alles erreichen können, was die Realität Ihnen bieten kann. Sie sind nicht mehr bereit, auch nur einen einzigen Tag alten Endlosschleifen im MINDFUCK zu opfern. Denn Sie wissen, dass Sie Ihr Denken jederzeit beeinflussen und andere Dinge denken können. Andere trampeln nicht mehr auf Ihnen und Ihrer Motivation herum. Sie sagen auf Augenhöhe, was Sie stört und was Sie brauchen, um Ihren Job wirklich gut zu machen. Sie kneifen auch da nicht und begeben sich nicht in Opferhaltungen, die Ihnen nichts als Stagnation bringen. Wenn Sie den Eindruck haben, für eine berufliche Aufgabe noch nicht ganz gewappnet zu sein, dann tun Sie einfach das Nötige, um sich das Wissen, die Erfahrung oder die Möglichkeiten zu verschaffen, die Sie dazu brauchen. Sie nehmen sich zu ernst, um sich Lern- und Entwicklungsfähigkeiten abzusprechen. Sie machen es einfach. Sie brauchen auch nicht ständig und überall Lob und Ermutigung von anderen. Sie sind kein Kind mehr und wissen selbst, wann Sie etwas gut machen und wann nicht. Sie nehmen sich einfach ernst.

2. *Die innere Sicherheit stärken*

Die innere Sicherheit zu stärken bedeutet im Job, sich nicht mehr mit Existenzängsten und Ängsten vor dem Gebaren anderer verrückt zu machen. Gehen Sie die Worst-Case-Szenarien durch, die Ihnen passieren können. Zum Beispiel, wenn Sie nach mehr Gehalt oder einer anderen Position fragen. Oder wenn Sie das längst fällige Klärungsgespräch mit der Kollegin führen werden. Gehen Sie einfach einmal spaßeshalber davon aus, dass es extrem schiefgeht. Was kann schon passieren? Nichts, womit Sie nicht als erwachsener Mensch umgehen können. Mir ging, wie ich an anderer Stelle einmal beschrieben habe, vor einem Publikum mit dreihundert Zuhörern bei einem Vortrag die Bluse bis zum Bauchnabel auf. Ich habe es überlebt. Und mich kann wirklich auf der Bühne nichts mehr schocken. Locker bleiben, tief durchatmen und die Sache mit Neugier, Vertrauen und Freude an der Erfahrung angehen. Erwachsen bleiben heißt manchmal auch cool bleiben, wenn andere die Fassung verlieren. Und weitermachen. Was ist so schlimm daran, wenn Sie einmal zum Amt gehen müssten, weil Ihr Plan aus irgendwelchen Gründen wirklich schiefgegangen ist? Wir leben heute in Ländern, in denen wir reich und grundsätzlich abgesichert sind. Wenn Sie sich immer bewusst sind, dass nichts wirklich Unerträgliches passieren kann, an dem Sie nicht wachsen und Ihre großartige menschliche Kreativität und Flexibilität beweisen können, dann sind Sie innerlich wirklich sicher. Und können voll und ganz auf den Mut und die Entschlossenheit zurückgreifen, die alle sehr erfolgreichen Menschen auszeichnen. Sie lassen sich dann nicht mehr durch innere oder äußere Drohungen ins Bockshorn jagen. Sie bleiben sich treu und sind damit ein Mensch, mit dem man wirklich rechnen kann. Willkommen in der Arbeitswelt von heute!

3. Impulse richtig steuern

Im Erwachsenen-Modus lassen Sie sich nicht von jeder Laune leiten. Sie merken, wann ein Impuls wichtig ist und Sie ihm folgen sollten, und wann nicht. Nach jeder Enttäuschung den

Schwanz einzuziehen, wirkt nicht besonders reif. Aber auch nicht, immer wieder mit dem Kopf durch die Wand zu rennen. Sie wissen wahrscheinlich selbst am besten, wo Ihre Impuls-Schwachstellen liegen. Beim Chef-Lästern? Beim Misstrauen? Wenn Sie Aufgaben aus dem Weg gehen, die nicht immer nur Euphorie versprechen? Beim Prokrastinieren, also ewigen Aufschieben? Oder beim falschen Bemuttern? Beim ewigen Jasagen? Wenn Sie sich selbst ernst nehmen, wissen, dass Sie immer sicher sind, und im Erwachsenen-Ich darüber nachdenken, werden Sie ein Nachgeben bei destruktiven Impulsen in Zukunft nicht mehr akzeptieren. Sie werden gegensteuern und daran arbeiten. Man wird es Ihnen anmerken und begeistert sein von den Veränderungen, die man nicht nur Ihren Worten, sondern vor allem Ihren Taten anmerkt. Hilfreichen Impulsen werden Sie in Zukunft viel häufiger nachgeben als bisher. Zum Beispiel dann, wenn Sie wirklich eine Pause brauchen. Oder dann, wenn es Zeit ist, tatsächlich in Gang zu kommen. Sie werden merken, wann Sie eine blöde Bemerkung nicht einfach so stehenlassen können, und Sie werden spüren, wenn es Zeit ist, auf andere zuzugehen. Es wird Ihnen auffallen, wann es Zeit ist, zu gehen. Wann das Pferd tot ist, wie die Indianer sagen, und Sie absteigen sollten. Sie werden es aber, um in dem Bild zu bleiben, aus der Perspektive des Erwachsenen, der Sie sind, nicht aus Trotz für tot erklären, wenn es noch lange nicht tot ist, sondern einfach Ihre geschätzte Aufmerksamkeit, Ihren Mut und Ihr Engagement bräuchte.

4. Risiken realistisch einschätzen

Angst ist im Job ein ganz schlechter Berater. Unbekümmertes Geisterfahren auch. Der Mut, der hinter dem Katastrophen-MINDFUCK steckt, ist nicht mit Leichtfertigkeit und riskanter Fehleinschätzung von Gefahren zu verwechseln. MINDFUCK-frei im Erwachsenen-Ich schätzen Sie Risiken richtig ein. Sie haben genug Erfahrung und Wissen, um zu beurteilen, wann ein Schritt zu weit oder nicht weit genug geht. Falls Sie noch sehr jung sind und tatsächlich wenig Erfahrung haben, dann sind Sie stark genug, um sich von den richtigen Leuten beraten zu lassen. Sie merken instinktiv, wann Ihnen jemand nur etwas verkaufen will und wann es wichtig ist, einen mutigen Schritt nach vorne zu gehen. Wenn Sie beispielsweise beruflich aufsteigen, werden Sie immer für einen kleinen Moment innerlich in der Luft hängen. Sie sind noch nicht da, wo Sie nun hingehen, und auch nicht mehr dort, wo Sie herkommen. Diesen Moment kann man als erwachsener Mensch nicht nur aushalten, sondern auch genießen. Es hat etwas vom Prickeln einer Achterbahnfahrt. Wenn Sie dieses Mini-Risiko schon scheuen, werden Sie sich ewig fragen, ob Karriere und berufliches Weiterkommen etwas für Sie sind oder nicht. Eigentlich müssen Sie sich diese Mühe dann gar nicht mehr machen. Schalten Sie lieber den Fernseher ein, und schlafen Sie weiter. Das echte Leben findet nicht auf der Couch oder beim Herumsurfen im Internet statt, sondern da draußen in der Welt. Da gehören Sie hin. In die Realität. Und in der werden Sie als erwachsener Mensch eine Menge Spaß haben. Manchmal müssen wir auch größere Risiken für ein großes Ziel eingehen. Rücklagen angreifen, Fördermittel beantragen, vielleicht sogar einen Kredit aufnehmen. Im Erwachsenen-Ich prüfen Sie Chancen und Risiken und wissen, dass Sie immer auf irgendeine Art investieren, also etwas vorstrecken müssen, wenn Sie ein höheres Level erreichen wollen. Das muss nicht immer Geld sein. Manchmal sind es einfach Phantasie, Mut, Zutrauen, Lust auf eine Sache und die Bereitschaft, Durststrecken zu überstehen und MINDFUCK nicht mehr zu akzeptieren. Das alles müssen Sie mindestens als Einsatz bringen, wenn Sie Ihr berufliches Potenzial entfalten. Wenn Sie wissen, dass es sich lohnt und Sie sich MINDFUCK-frei auf die Realität vorbereitet haben, dann ist das kein Problem mehr für Sie. Sie können Risiken als erwachsener Profi einschätzen und eingehen.

Alles in allem kommen Sie in dieser Haltung dorthin, wo Sie beruflich wirklich sein wollen. Situationen, die Ihnen bisher Kopfzerbrechen bereitet haben, können Sie übrigens einfach ganz neu angehen. Prüfungsängste, Redeängste und Kneifen auf allen möglichen Gebieten werden Sie im Erwachsenen-Ich nicht mehr einfach so erleben können. Sie gehen auch die situativen MINDFUCKS dann beherzt und erwachsen an, stellen sich neuen Erfahrungen und suchen sich Leute, mit denen Sie daran arbeiten können. Ist doch kein Grund, sich die Freude am Leben und am Beruf nehmen zu lassen!

Einfach besser zusammenarbeiten

Schlüsselkompetenz Kooperationsfähigkeit

Auch wenn so gut wie alles von Ihnen und Ihren wahren Zielen abhängt: die Fähigkeit, mit anderen gut zusammenzuarbeiten, ist ein Schlüsselfaktor für Ihre volle Potenzialentfaltung im Beruf. Unabhängig davon, was Arbeit in Ihrem Leben bedeutet, fördert kaum etwas Ihre Lebensqualität mehr als ein gutes Miteinander im Job. Die meisten Menschen wünschen sich, in einem guten Team zu arbeiten. Respekt, Anerkennung und ein wertschätzendes Miteinander sind ihnen laut Umfragen sogar wichtiger als das Gehalt. In einem guten Team zu arbeiten ist, wie in einer guten Mannschaft zu spielen. Sie wissen, wo Sie hingehören, Sie meistern schwierige Phasen gemeinsam und arbeiten gemeinsam am Erfolg. Aber auch dann, wenn Sie gar keinen großen Wert auf ein Team legen und lieber alleine arbeiten, werden Sie niemals ganz ohne andere Menschen auskommen. Sie werden nichts Wesentliches in Ihrem Leben erreichen, wenn nicht in Zusammenarbeit mit anderen. Ob es Ihnen nun darum geht, für ein Einkommen zu sorgen, oder darum, eine große Lebensvision zu verwirklichen: sie brauchen andere. Selbst einsam lebende Krimibestsellerautoren haben Agenten, Lektoren und andere Gesprächspartner, die einen wesentlichen Teil zum Erfolg beitragen. Selbst ein Picasso hatte seine Musen, seine Galeristen und jede Menge Freunde, ohne deren Bekanntschaft er nicht das Werk hätte schaffen können, das wir alle so bewundern. Alles Große, was Menschen in die Welt bringen, ist auf seine Art ein Gemeinschaftsprojekt. Selbst wenn die Idee und die Anfangsenergie von einem Gründer, einem Erfinder oder einer Innovatorin kommen, braucht die Umsetzung in der Realität mehrere Hirne, Herzen und Hände. Wenn Sie in einer Organisation aufsteigen wollen, weil Sie mehr Kompetenzen, mehr Verantwortung und mehr Gestaltungsspielräume oder einfach ein noch besseres Einkommen haben wollen, entscheidet Ihre Kompetenz, mit anderen gut zusammenzuarbeiten, darüber, ob, wie, wann und wie lange Ihnen das gelingt. Und genau hier kommt Ihre ganz persönliche innere Haltung wieder ins Spiel. Manche Menschen verheddern sich zum Beispiel so sehr in inneren Blockaden, politischen Spielchen, Lästereien, Intrigen und Machtkämpfen, dass sie irgendwann vom System abgekoppelt werden, statt aufzusteigen. Mehr als ein Mal habe ich junge Top-Talente gecoacht, die hervorragende Fachkompetenz hatten, aber nicht in der Lage waren, mit anderen effektiv und störungsfrei zusammenzuarbeiten. Sie waren so sehr damit beschäftigt, besser und wichtiger zu sein, dass irgendwann niemand mehr mit ihnen im Team arbeiten wollte. Kein Mensch möchte am Arbeitsplatz als anonymer Teil eines Publikums rund um einen Star enden. Wenn jemand durch seine persönlichen Blockaden dafür sorgt, dass andere ihr Potenzial nicht entfalten können, schadet er den Kollegen und dem Unternehmen fundamental, egal wie brillant er persönlich sein mag.

Bei Selbstständigen und Unternehmern gibt es ähnliche Tendenzen, die als enorme Erfolgsbremsen wirken. Gerade starke Persönlichkeiten mit einem ausgesprochen eigenen Kopf haben ihre Schwierigkeiten mit der Zusammenarbeit. Sie haben in einer Welt voller eigener und gegenseitiger Blockaden oft gelernt, sich zu schützen, abzugrenzen und ihr eigenes Ding zu machen, um sich nicht von anderen bei ihren Ideen und Interessensfeldern stören zu lassen. Tatsächlich gibt es kein größeres Störfeld als eine Ansammlung von Menschen, die sich gegenseitig blockieren. Starke Denker, Entwickler oder Macher ziehen sich deshalb häufig zurück oder versammeln Jasager und schwache Persönlichkeiten um

sich. Oft ist ihnen gar nicht bewusst, wie sie genau dadurch ihre eigenen Ziele sabotieren.
Ich habe mit hervorragenden Experten gearbeitet, die sich weigerten, Mitarbeiter einzustellen, weil ihnen Teams und Führungsaufgaben zu anstrengend und einfach zuwider waren. Andere, die trotzdem Mitarbeiter haben, brennen genau in dieser Situation aus. Sie kreieren mit ihren Mitarbeitern zum Teil bizarre Eltern-Kind-Kulturen, die einen Arbeitstag so hart werden lassen wie den eines Alleinerziehenden. Gerade Freiberufler wie Steuerberater, Rechtsanwälte, Ärzte oder Gründer sind hier leidgeprüft und profitieren besonders davon, MINDFUCK bei sich selbst und in ihren Praxen, Kanzleien und Unternehmen zu erkennen und zu beenden. Hier lohnen sich Coachings ganz besonders.

Die Dynamik unterschiedlicher Codes in einem Team

Unser Denken ist ein System, mit dem wir uns selbst steuern. Aber da wir niemals allein sind, sondern auch auf die Impulse anderer reagieren, multiplizieren sich die Effekte, wenn Menschen miteinander arbeiten. Möglicherweise wird Ihnen dieser Blickwinkel einige Aha-Effekte bescheren. Sehen wir uns einmal die Dynamik unterschiedlicher Blockadecodes in einem ganz normalen Team eines ganz normalen Unternehmens an. Während ich Ihnen die Kollegen vorstelle, können Sie bereits über Ihren eigenen Code eines Themas aus Ihrer inneren Liste nachdenken. Ich werde Ihnen dazu aber noch weitere gezielte Fragen stellen.

Hören wir mit, was in den Köpfen des Teams vorgeht, das gerade in einem Besprechungsraum zusammenkommt. Da ist zum einen der Vertriebsleiter. Er ist, wie man so sagt, ein lustiges Haus. Was denkt er wirklich über sich selbst? »Ich bin immer der Motivator der Truppe. Aber eigentlich denke ich, dass ich ein Blender bin, ein ziemlich kleines Licht, der über alles schön reden kann und von nichts so richtig eine Ahnung hat. Viel weiter als bis hierhin kann ich sowieso nicht kommen. Also lieber kleine Brötchen backen und aufpassen, dass niemand etwas merkt.« Übermotivation, Bewertung und Misstrauen bilden in dieser Kombination eine todsichere Karrierebarriere aus MINDFUCKS. Dann ist da noch die Produktmanagerin. Sie denkt über sich: »Ich bin richtig gut. Allen anderen meilenweit überlegen. Aber ich kann mir nicht den kleinsten Fehler erlauben, sonst bin ich geliefert. Alle warten nur darauf, dass ich scheitere.« Hier können wir sehr gut die Kombination von Bewertung, Regelhörigkeit, Katastrophenangst und Misstrauen in Aktion beobachten. Die natürliche Folge dieser Dramaturgie von MINDFUCKS ist immenser Druck. Stellen wir uns einmal den Verkaufsleiter und die Produktmanagerin in einem Raum vor, hätten wir wahrscheinlich rasch einen Eindruck, wie beide jeweils auftreten und wirken würden. Der eine lustig, eloquent, aber irgendwie auch gehemmt und nicht ganz ernst zu nehmen. Die andere professionell, hochintelligent, angespannt, misstrauisch. Immer in der Verteidigungshaltung. Nehmen wir nun noch die folgenden Gedanken einer Sachbearbeiterin dazu: »Hier hört doch sowieso keiner auf mich. Alles Chaoten ohne Plan. Wenn es mich nicht gäbe, würde hier alles den Bach runtergehen. Am Ende muss ich wieder mal die Kohlen aus dem Feuer holen. Und wer dankt es mir? Keiner. Und wenn es gerade eben noch gutgeht, brüstet sich ein anderer mit den Erfolgen. Das ist so ein undankbarer Job. Dich kann doch gar keiner ernst nehmen.« Bewertung, Misstrauen, Katastrophe, Druck und wieder Bewertung. Wir sehen hier eine kreative Mischung aus Jammern, Opferhaltung und Abwertung anderer. Es wird keine allzu große Freude machen, mit einer Frau, die sich derart selbst stört, zusammenzuarbeiten. Selbst- und Fremdabwertung liegen häufig nah beieinander. Wenn wir andere abwerten, neigen wir auch dazu, uns selbst abzuwerten. Wenn wir uns selbst abwerten, suchen wir nach Punkten, durch die wir andere abwerten können. Wie wird die Sachbearbeiterin wohl neben ihren Kollegen wirken? Wahrscheinlich auf der einen Seite ziemlich unscheinbar und zugleich unzugänglich, zugeknöpft und leicht genervt. Nehmen wir noch eine vierte Person hinzu und hören, was der Geschäftsführer, der gleich vor allen dreien eine kurze Ansprache halten wird, tief in seinem Inneren wirklich denkt: »Denen wird nicht schmecken, was ich zu sagen habe. Die einen werden es schlicht und einfach nicht kapieren, die anderen werden, wie immer, mauern, weil sie sich nicht bewegen wollen. Also was tun? Den Verkaufsleiter muss ich auf Spur bringen. Dem muss ich irgendeine Karotte vor die Nase halten. Die Produktmanagerin wartet nur darauf, mir ihre Überlegenheit zu demonstrieren. Wie die schon dasitzt. So angespannt um den Mund. Ich darf die nicht zu ernst nehmen. Das ärgert sie am meisten. Und dann einfach Druck aufbauen, dann läuft das schon. Und da ist ja noch die graue Maus. Die macht wenigstens ihren Job und meckert nicht rum. Die wird das am Ende schon machen. Um sie muss ich mich nicht sonderlich kümmern.« Wir können annehmen, dass ein Vorgesetzter, der Druck, Bewertung und vor allem die Abwertung seiner Mitarbeiter zum Grundprinzip seiner Gesprächsführung gemacht hat, nicht zu der Sorte Chef gehört, für die Menschen am Montagmorgen gerne ins Büro kommen. Im Coaching würde er wahrscheinlich sagen: »Ich bin eigentlich nicht so. Aber das Leben und die Erfahrung haben mich so gemacht.« Nun wissen wir als stille Beobachter der Szene, was abläuft. Jeder im Raum stört sich mit MINDFUCKS, was das Zeug hält, niemand ist offen, keiner wirklich da. Jeder trägt eine eigene Form von unsichtbarer Ritterrüstung. So werden Meetings zu Kampfplätzen, und die Arbeit, die ja erst danach beginnt, ist dann

anstrengend, aufreibend und wird die Selbstblockaden noch weiter verfestigen.
Die MINDFUCKS sind riesig. Die Potenziale jedoch auch! Wenn jede/-r im Team seine oder ihre Blockaden beendet und sich voll entfaltet, könnte eine Spitzenmannschaft daraus werden. Ein Vertriebsleiter mit einer starken inneren Motivation, präziser Wahrnehmungsfähigkeit, gesundem Urteilsvermögen und starkem Zutrauen in sich, seine Leute und die gemeinsame Arbeit. Eine Produktmanagerin, die ebenso wahrnehmungsstark wie offen ist, die neugierig, kreativ, mutig und vertrauensvoll an die Dinge herangeht. Eine Sachbearbeiterin, die im eigenen Timing Außergewöhnliches leistet, die präzise wahrnimmt, dadurch sich selbst und anderen in der Zusammenarbeit Vertrauen schenkt und eine gute Portion Neugierde, Mut und Unerschrockenheit mitbringt. Eine starke, intelligente, hellwache Mitarbeiterin. Und der Geschäftsführer? Er sieht genau, wen er da an Bord hat, gibt diesen hervorragenden Leuten genügend Spielraum und achtet nicht nur bei den anderen, sondern auch bei sich selbst darauf, die eigenen Ressourcen und das eigene Energieniveau konstant zu halten. Ein echter Kapitän, der seine Mannschaft nicht kurzfristig zum Funktionieren bringt, sondern langfristig leistungsfähig und mit Freude bei der Sache zu halten versteht. Er gibt den Rahmen vor, in dem sich jeder optimal entfalten kann. Im Sinne jedes einzelnen Teammitglieds und im Sinne des Unternehmens. Unter solchen Bedingungen lernen alle im Team extrem schnell. Sie können flexibel und kreativ auf neue Anforderungen reagieren und schaffen wahrscheinlich durch ihre gute Kooperation und die dadurch ganz natürlich entstehende Kreativität Innovationsvorsprünge, die das Unternehmen im Wettbewerb außergewöhnlich stark dastehen lassen. Da ein Spitzenteam ein lebendiges Biotop ist, wird die stete konstruktive Veränderung der normale Zustand in diesem Unternehmen sein. Die Kultur wandelt sich von

Feindseligkeit und Misstrauen in Teamgeist und Freude am Erfolg. In welchem Team würden Sie lieber arbeiten? Welches Team wird mehr erreichen? Wie ist die Kultur in einem MINDFUCK-freien Unternehmen, das sich als Biotop für einzigartige Menschen versteht?

MINDFUCK-frei mit anderen arbeiten – wie geht das?

Wie Sie bereits wissen, beginnt gute Zusammenarbeit mit anderen, indem wir zuerst einmal mit uns selbst – im kleinsten System unseres Lebens, unserem inneren Dialog – gut zusammenarbeiten. Das machen wir automatisch, wenn wir uns nicht stören. Wir beenden dann destruktive Selbstgespräche, hören auf, die Welt um uns herum als Bedrohung oder ständigen Kampf um Ruhm, Ehre und Anerkennung wahrzunehmen. Stattdessen richten wir unsere ganze Aufmerksamkeit offen nach außen zu den Dingen, die uns interessieren, die uns intensive Erfahrungen versprechen und die wichtig für uns sind. In diesem Zustand haben wir einen komplett anderen Blick auf unsere Kollegen, Mitarbeiter, Vorgesetzten oder Kunden. Sie sind einfach Menschen wie wir. Auf den ersten Blick eine Binsenweisheit, die es aber in sich hat. Denn häufig beginnt eine altbekannte lästige Stimme in uns wieder mit ungebetenen Kommentaren, sobald wir unseren Blick auf andere Menschen richten und in Interaktion mit ihnen treten. Das ist normal. MINDFUCK ist, wie wir gesehen haben, ein uraltes System von Überzeugungen, das Menschen dazu bringt, sich anzupassen. Es bestimmt also unser Verhältnis zu uns und anderen. Wenn wir anderen begegnen und kommunizieren, kommt es sehr darauf an, wie unser Innerer Kompass gepolt ist und in welcher Haltung wir sind. Um unseren Inneren Kompass bei Fragen der Zusammenarbeit immer wieder neu und zeitgemäß auszurichten, sollten wir uns folgende Formel vor Augen halten:

Andere blockieren = sich selbst blockieren

Sich selbst blockieren = andere blockieren

Viele Menschen meinen, sie würden sich im Job bessere Möglichkeiten erarbeiten, wenn es ihnen gelingt, andere zu blockieren. »Wenn ich den anderen schachmatt setze, habe ich freie Bahn.« Mit egozentrischem Wettbewerbsdenken dieser Art ist heute nichts mehr zu gewinnen. Ebenso ungewöhnlich ist für viele die Erkenntnis, dass sie, wenn sie sich selbst stören, automatisch auch andere beeinträchtigen. Es ist nicht nur unsere Privatsache, wenn wir MINDFUCK betreiben. Wir schädigen auch andere damit.

Situationen neu einschätzen

Wenn Sie die Logik der inneren Blockaden verstanden haben, werden Sie viele Situationen anders einschätzen und völlig neu und viel produktiver angehen können. Was bisher galt, wenn wir uns störten, war eine verzerrte Wahrnehmung oder Blindheit. Entweder wir schätzen Menschen falsch ein, oder wir sehen sie gar nicht. Bei Bewertungs- und Misstrauens-MINDFUCK leisten wir uns eine verzerrte Wahrnehmung. Wir sind nicht mehr offen, verlieren uns in Klischees und Vorurteilen und schalten insgesamt unser gesundes Urteilsvermögen ab. Wir interpretieren etwas in Menschen hinein, was uns möglicherweise gar nicht zusteht und meistens falsch ist. Schublade auf, Mensch rein, Potenzial tot. Nicht nur das Potenzial des anderen. Leider auch das eigene. Denn Sie werden nicht mehr gut mit diesem Menschen zusammenarbeiten können. Wenn verzerrte Wahrnehmung die eine Problematik in der Kooperation ist, dann ist Blindheit die andere. Sie kommt dann ins Spiel, wenn wir mit Angst, Druck, Regeln, Selbstverleugnung und Übermotivation agieren. Wir sehen dann entweder uns selbst nicht mehr (Selbstverleugnung) oder sind blind für andere. Wir verbreiten Panik, üben Druck aus, erwarten Euphorie oder verbreiten Depression, Zweifel und Untergangsstimmung. Damit sind wir blind für die Realität und blind für andere. Wir merken häufig gar nicht, welchen Schaden wir in unserem Umfeld mit diesen gelebten MINDFUCKS auslösen. Die Folgen sind leider schwerwiegend, unabhängig davon, ob Sie Führungskraft, Mitarbeiter, Selbstständiger oder Kunde sind. Denn in allen Fällen ersticken Sie Potenzialentfaltung, machen alles schwerer und tragen damit möglicherweise entscheidend zu echtem Misserfolg bei. Gut, aufzuwachen und die Sache neu zu betrachten. Hier zur Vertiefung ein paar Beispiele aus dem ganz normalen Arbeitsalltag, die Sie mit Ihrem Wissen über MINDFUCK aus einem neuen Blickwinkel betrachten können. Als Anti-MINDFUCK-Training wichtig: Spüren Sie einmal Ihrem Gefühl nach, wenn Sie sich diese Szenen vor Augen halten. Was passiert mit Ihnen innerlich?

Miese Laune verbreiten

Agnes arbeitet in einem Team von Geschäftsführungsassistentinnen. Sie kommt – wie immer – schlecht gelaunt ins Büro, lässt sich ächzend in den Bürostuhl fallen und erzählt erst einmal – ungefragt –,wie schlecht sie geschlafen hat, welche Probleme sie heute hat und dass sie »überhaupt keinen Bock auf das alles hier« hat.

Jammern und andere machen lassen

Nadine ist im Einkauf eines großen Unternehmens tätig. Morgens, wenn sie ihre Mails liest, wird ihr schon ganz schwindelig: »Ach du meine Güte, wie soll ich das alles schaffen? Das ist einfach zu viel.« Sie ist panisch, schaut ihre

Mitarbeiterin aus großen Augen hilflos an. »Und heute Nachmittag noch das Chef-Meeting. Was mache ich jetzt bloß?«

Lästern über den Chef

Ulrich und Sabine sind Kollegen in einer Bank. Sie gehen gerne gemeinsam Mittag essen.
Ulrich: »Also was der Kleinschmidt heute morgen wieder für einen Unsinn erzählt hat. Das ist doch nicht zu fassen, oder? Wie hältst du das eigentlich bei dem aus? Der Typ ist die reine Lachnummer!«

Lästern über Kunden

Bernd und Ralf sind Kollegen in einem Verkaufsteam. Sie unterhalten sich über Kunden. »Dieser Matthias Schneider hat schon wieder angerufen. Das ist vielleicht ein unangenehmer Typ. Und weißt du noch, die Tussi letzte Woche? Unfassbar!«

Sich kleinmachen

Tanja hat gleich ein Gespräch mit ihrem Vorgesetzten. »Oh Mann, hoffentlich geht das gut. Hoffentlich blamiere ich mich nicht. Der ist so toll, und ich bin so schlecht. Bin einfach ein wenig schwer von Begriff manchmal.«
Tanjas Chef kommt gut gelaunt auf sie zu und reicht ihr offen und herzlich die Hand.

Beleidigt sein, wenn es Kritik gibt

Claudia ist selbstständige PR-Beraterin. Ihr wichtigster Kunde hat ihr gerade eine kritische Mail geschickt. Er findet sich nicht wieder in der Presseerklärung, die sie gerade herausgeschickt hat. »Warum mischt sich dieser Idiot in alles ein? Der hat doch keine Ahnung!« Anstatt ihren Kunden sofort anzurufen, greift Claudia zu ihrer typischen Blockadestrategie, ohne zu merken, dass sie vor allem sich selbst blockiert: Sie gibt sich beleidigt, taucht unter und reagiert erst auf mehrmaliges Nachfragen und schützt eine aufziehende Erkältung vor.

Sich auskotzen

Achim ist geladen. Schon wieder funktioniert der Internet-Anschluss in seinem Homeoffice nicht. »Die wollen mich wohl auf den Arm nehmen. Die haben ja wohl nicht mehr alle Tassen im Schrank!« Er greift zum Telefon, wählt die Nummer der Service-Hotline und legt los: »Sagen Sie mal, was soll das eigentlich? Sie sind ja vollkommen unfähig. Zum zweiten Mal in einer Woche funktioniert der Anschluss nicht. Was fällt Ihnen ein?! Sie kommen sofort zu mir und biegen das wieder hin, oder ich gehe Ihnen hier nicht mehr aus der Leitung!«

Ich denke, diese Beispiele werden den meisten von uns sehr bekannt vorkommen. Den meisten Menschen ist gar nicht bewusst, wie unbedacht sie in Gegenwart von anderen MINDFUCK betreiben und wie sehr sie damit selbst, ihr Lebensgefühl und das gesamte System der menschlichen Interaktion um sich herum beeinträchtigen und blockieren. Es ist Zeit für eine neue Dimension von Kooperation: blockadefrei, offen, auf Augenhöhe, unter Erwachsenen. Es geht sicherlich nicht darum, alles immer bierernst zu nehmen oder gar im Job ein Heiliger oder eine Heilige zu werden. Manchmal ist man schlicht und einfach schlecht drauf. Manchmal platzt einem auch mal der Kragen, und man lästert sich aus. Wer kennt das nicht? Nur als permanente Lebenshaltung, als Dauerprogramm und Teil des beruflichen Außenauftritts wird die Sache zu ausgemachtem chronischen MINDFUCK. Es bremst Sie selbst und andere aus, ist ein Karrierekiller und das Gegenteil von Potenzialentfaltung. Was denken Sie, was dann möglich wäre, wenn wir uns von schlechten Gewohnheiten im Umgang mit anderen verabschieden? Was denken Sie, wie sehr die Lebensqualität für uns alle im Job steigen würde? Und welche Auswirkungen das auf unsere Produktivität hätte?

Potenzialentfaltung in der Zusammenarbeit

Wie können wir die neue Dimension von Kooperation in die Praxis umsetzen? Wie können wir unser Wissen über Selbstblockaden und die dahinterliegenden Potenziale für eine erheblich bessere Zusammenarbeit mit anderen nutzen? Um das Wichtigste zuerst zu nennen: Es geht um die gleichen Prinzipien wie bei unserer eigenen Potenzialentfaltung. Wir machen den Anfang damit, uns selbst und diesmal auch unser Gegenüber als eigenständigen und freien erwachsenen Menschen ernst zu nehmen. Selbst dann, wenn er sich gerade nicht so verhält. Schauen Sie sich noch einmal die wichtigen Fakten an. Wie blockieren wir uns und andere bei der Arbeit? Und wie sähe dagegen der Entfaltungsmodus aus? Sehen wir uns an, welche inneren Haltungen und Strategien wir im Blockademodus verfolgen und welche im Potenzialentfaltungsmodus:

Blockademodus	Entfaltungsmodus
Angst vor anderen haben und ihnen Angst machen	Neugierig, mutig und offen auf andere zugehen. Mut machen, Offenheit und Neugierde fördern, indem man sie vorlebt.
Sich verleugnen und das auch von anderen erwarten	Selbstgewiss agieren, sich Individualität und Originalität erlauben, kooperieren, ohne sich zu verlieren, andere in all diesen Dingen ermuntern und bestärken.
Sich und andere notorisch gnadenlos bewerten	Bewertungsfrei aufmerksam sein, sensibel wahrnehmen und sein Urteilsvermögen einsetzen. Präzises, respektvolles Feedback geben. Niemals den anderen Menschen bewerten, sondern ernsthaft anerkennen, in dem wir uns intensiv und ernsthaft mit ihm und seinen Handlungen auseinandersetzen.
Sich selbst und andere unter Druck setzen	Auf die eigenen Ressourcen achten, die eigene Motivation kennen und im eigenen Timing hochwirksam sein. Das Gleiche bei anderen Menschen ermuntern und fördern. Auf deren Ressourcen und Timings achten. Sie in ihrer individuellen Leistungskurve respektieren.
Sich an überholten Regeln orientieren	Kreativ wie phantasievoll Lösungen finden, bei anderen Ideen einholen, sich gegenseitig inspirieren.
Sich und anderen nichts zutrauen, misstrauen	Offen auf andere zugehen, ihnen etwas zutrauen, Vertrauen aufbauen und sich vertrauensvoll, verbindlich und zuverlässig verhalten.
Sich und andere mit Zuckerbrot und Peitsche motivieren	Hellwach und bei klarem Verstand seinem natürlichen Interesse folgen, dranbleiben. Sich inspirieren lassen von der natürlichen Begeisterung und inneren Motivation anderer, sich gegenseitig ermuntern und helfen, wenn Durststrecken da sind. Niemand ist allein auf der Welt.

Die sieben Leitfragen blockadefreier Zusammenarbeit

Nachdem wir über Generationen hinweg gelernt haben, unsere natürliche humane Grundhaltung zu verlieren und unsere natürlichen Wachstumsimpulse mit Selbstblockaden zu behindern, kommen wir mit dem neuen Wissen um unsere eigentlichen inneren Fähigkeiten und Möglichkeiten zu ganz neuen Ergebnissen, wenn es um die erfolgreiche Zusammenarbeit im Beruf geht.

Dazu möchte ich Ihnen die sieben Leitfragen blockadefreier Zusammenarbeit an die Hand geben:

1. Wenn einer Panik macht, wirkt sich das auf alle anstrengend und behindernd aus. Wenn Sie andere durch Ihre Angst oder Panikmache blockieren, steht eigentlich an, neugierig, mutig und unerschrocken an diese Herausforderung heranzugehen. *Was denken wir alle stattdessen über die Sache, wenn wir genau so herangehen: mutig und unerschrocken?* Auch vor anderen Menschen brauchen wir keine Angst zu haben, wenn wir uns selbst als erwachsene Menschen ernst nehmen. Was kann uns schon passieren? Dass unser Gegenüber in MINDFUCK verfällt und sich aufspielt oder kleiner macht, als er oder sie ist? Wir wissen doch, was dahinter eigentlich für ein großartiger Mensch darauf wartet, sich voll zu entfalten und wirklich im Sinne des Ganzen einzubringen.
2. Wenn Sie sich selbst verleugnen und Ihre Interessen wieder hinter die von anderen stellen und das Gleiche vielleicht sogar von anderen erwarten, steht eigentlich an, selbstgewiss ohne langes Nachdenken zu agieren, Ihre Originalität

zu leben, Ihre individuellen Interessen zu vertreten und mit anderen zu kooperieren, ohne sich zu verlieren. *Was denken und tun Sie, wenn Sie genau so an die Sache herangehen: unhinterfragt selbstgewiss, aus sich heraus denkend, individuell und originell, in dem Wissen, dass Sie sehr gut kooperieren können, ohne sich zu verlieren, ohne sich dominieren zu lassen oder andere dominieren zu müssen?*

3. Wenn Sie sich selbst oder andere abwerten, lästern oder sich auf böse Art lustig machen, steht eigentlich an, bewertungsfrei aufmerksam zu sein. Der natürliche Impuls ist, sich und das, worum es geht, sensibel und gerecht wahrzunehmen und Ihr Urteilsvermögen klug einzusetzen, wenn es gefragt ist. *Was denken Sie über den anderen, wenn Sie ihn mit bewertungsfreier Aufmerksamkeit betrachten?* Wenn Sie sensibel und gerecht wahrnehmen, wirklich fair sind und Ihr kompetentes natürliches Urteilsvermögen einschalten? Es ist ein Zeichen von Respekt, sich ehrlich und intensiv mit anderen auseinanderzusetzen. Wenn es darum geht, andere wirklich weiterzubringen, ist es gut. Wenn es eigentlich darum geht, sich selbst zu erhöhen, ist es einfach nur MINDFUCK.
4. Wenn Sie sich oder andere bei der Arbeit unter Druck setzen, geht es eigentlich darum, klar und bewusst auf Ihre eigenen Ressourcen und die des anderen Menschen zu achten, Ihre eigene Motivation und die Ihres Gegenübers zu kennen und im eigenen Timing hochwirksam zu sein und andere sein zu lassen. *Was denken Sie über die Sache, wenn Sie Ihre Kraftreserven und die anderer realistisch einschätzen?* Wie könnte es aussehen, wenn jeder sein optimales Timing einhält?
5. Wenn Sie sich selbst und andere in einer Zusammenarbeit zwingen, sich an überholte oder unsinnige Regeln zu halten, ist eigentlich angezeigt, gemeinsam neue, kreative und phantasievolle Lösungen zu finden. Das macht Spaß und

bringt viel mehr. *Wie denken Sie und Ihr Kooperationspartner über die Sache, wenn Sie kreativ und phantasievoll herangehen?*

6. Wenn Sie anderen in der Zusammenarbeit immer wieder misstrauen und negative Absichten, Unwillen, Unfähigkeit und anderes unterstellen, steht eigentlich an, dem anderen gegenüber offen, aufgeschlossen und vertrauensfähig zu sein und sich auch selbst aus der Spirale des Misstrauens zu befreien. Es geht darum, den gemeinsamen Möglichkeiten eher zu vertrauen als den Hindernissen. *Wie denken Sie über sich und das, was ansteht, wenn Sie sich gegenseitig ganz natürlich Vertrauen schenken?*
7. Wenn Sie sich wieder zwanghaft euphorisieren und mit Zuckerbrot und Peitsche motivieren und das auch mit anderen machen oder von ihnen erwarten, steht an, hellwach und mit klarem Verstand Ihrer eigentlichen Motivation zu folgen und als entschiedener erwachsener Mensch dranzubleiben, wenn Ihnen eine Sache richtig erscheint. *Wie denken Sie über die Sache, wenn Sie Ihren klaren, hellwachen Verstand einschalten und sich fragen, ob es eine echte natürliche Begeisterung und starkes, inneres Interesse ist?* Wenn dem so ist, wunderbar! Was machen Sie dann? Wie gehen Sie dann gemeinsam ganz neu und konsequent mit Durststrecken um? Wenn nicht, ist vielleicht die Zeit gekommen, zu erkennen, dass etwas die ganze Aufregung gar nicht wert ist?

Wie Sie MINDFUCK-frei kommunizieren können

MINDFUCK-frei mit anderen zu kommunizieren, ist wirklich unkompliziert. Es ist eigentlich die natürlichste Sache der Welt, wenn wir innerlich in eine erwachsene, MINDFUCK-freie Haltung gehen. Wir brauchen keine neuen, krampfhaften Rhetorikschulungen, wenn wir ohne Blockaden miteinander kommunizieren wollen. So manches Training, das direkt auf die Veränderung der Sprache abzielt, scheint aus meiner Sicht leider zu sehr aus dem Eltern-Ich zu stammen und versetzt erwachsene Menschen, die ja nicht dumm sind, in den Zustand eines angeblich unwissenden Kindes. So aber entsteht auf jeden Fall Widerstand, der nicht produktiv sein kann. Das einfachste Kommunikationstraining habe ich einmal einer Gruppe von fünf Partnern einer Unternehmensberatung gegeben, die zu diesem Zeitpunkt alle miteinander zerstritten waren. Ich bat sie in einer ersten Runde, offen miteinander über die Themen der kommenden Woche zu sprechen. Ich eröffnete ihnen, dass ich sie jedes Mal mit einem Händeklatschen unterbrechen würde, wenn sie von oben herab im Eltern-Kind-Modus miteinander sprechen und es gegenseitig an Respekt vermissen lassen würden. Ich achtete auf ihre Wortwahl, die Sprache sowie körpersprachliche Signale. Bereits in den ersten drei Minuten musste ich sieben (!) Mal unterbrechen. Die Berater waren baff. »Das kann doch nicht sein!«, sagten sie. Als ich ihnen jeden Satz, jede grammatikalische Konstruktion und insgesamt drei in den wenigen Sätzen enthaltene MINDFUCKS aufzeigen konnte, waren sie sehr betroffen. »Empfehlen Sie uns doch, was wir stattdessen sagen sollen!«, bat mich einer der Partner. Ich aber schlug vor, dass sie es einfach noch mal selbst versuchen sollten. Aber diesmal so, als würden sie mit ihren besten Kunden sprechen. Das Ergebnis war frappierend. Es ging um die gleichen Inhalte, und dieses Mal fanden sie auf Anhieb die richtigen Worte, ernsthaft, wertschätzend und offen. Ihre Gestik und Mimik waren einladend, auf das Gegenüber zugehend und verbindlich. Eine wunderbare Kommunikation. Mit großem Aha-Effekt, und der hatte einen ganz einfachen Grund: Kunden gegenüber traten die Berater auf Augenhöhe auf. Sie nahmen sich selbst und ihre Gesprächspartner ganz natürlich ernst und hatten ein echtes

Interesse daran, dass ihre Botschaft Gehör fand. Untereinander aber waren die Bewertungen, Misstrauen und Machtkämpfe so stark, dass jeder versuchte, über dem anderen zu stehen und ihm klarzumachen, was zu tun sei. Wenn Sie selbst Schwierigkeiten haben, die richtigen Worte zu finden, empfehle ich Ihnen, sich dieses Beispiel ins Gedächtnis zu rufen. Stellen Sie sich vor, wie Sie Ihr Gespräch mit den gleichen Inhalten und Botschaften mit einem Menschen führen, den Sie wirklich ernst nehmen und respektieren. Es ist wichtig, dass Sie diesen Menschen auf Augenhöhe wahrnehmen können und nicht etwa verehren oder gar fürchten. Denn das wäre nur das umgekehrte Extrem. Ein Klient, mit dem ich diese Situation einmal im Coaching trainierte, suchte sich keinen Geringeren als den Dalai Lama aus. Wenn er sich diesen Mann als Gegenüber vorstellte, verkniff er sich jede Abkanzelung und sprach geradezu vollendet menschenorientiert aus einer natürlichen, offenen und erwachsenen Grundhaltung heraus. Der Dalai Lama wirkt auch auf mich wie ein Mensch, der diese Kunst der ehrlichen, offenen und zutiefst humanen Kommunikation meisterhaft beherrscht. Aber wie wir sehen, ist das gar keine so große Kunst, sondern einfach eine Frage der natürlichen humanen Haltung.

Wie Sie sich MINDFUCK-frei zur Wehr setzen

Muss gute Kommunikation immer wachsweich sein? Müssen wir uns jetzt alle liebhaben? Keineswegs. Respektieren und ernst nehmen ja. Unbedingt auf Schmusekurs gehen? Nein. Wertschätzen? Nicht immer. Manchmal verhalten sich Menschen einfach unmöglich. Ganz ohne MINDFUCK. Einfach so. Dann gibt es keinen Grund zu besonderer Wertschätzung, und genau das sollten wir ansprechen, wenn wir Augenhöhe wollen. Und zwar auch wiederum auf Augenhöhe. Es ist weitaus wirksamer, wenn Sie jemanden, der Sie beleidigt oder Ihnen geschadet hat, ernst nehmen und gleichzeitig klar konfrontieren, als wenn Sie ihn von oben herab abkanzeln, weinerlich anklagen oder sogar anbetteln, er möge sich doch endlich anders verhalten. Sie würden dann in verschiedene Eltern- oder Kind-Rollen verfallen. Ihr Gegenüber würde wiederum spiegelbildlich reagieren. Wenn Sie ihn abwerten, wird er trotzig oder anklagend. Wenn Sie jammern, wird er sich höchstwahrscheinlich abwerten. Aus dem Modus der Selbstblockade sagen Sie dann beispielweise: »Herr Müller, Sie haben mich beim Chef angeschwärzt. Das geht ja gar nicht!« Oder Sie bauen sich vor ihm auf: »Sagen Sie mal, Herr Müller, was fällt Ihnen eigentlich ein, mich beim Chef anzuschwärzen? Sie haben ja wohl nicht mehr alle!«

Erfolgreiche Kommunikation sieht anders aus. In der erwachsenen und blockadefreien Variante sagen Sie die Wahrheit klar und deutlich auf Augenhöhe. Sie nehmen sich selbst dann ebenso ernst wie Ihren Gesprächspartner: »Herr Müller, ich habe gehört, dass Sie bei unserem Vorgesetzten schlecht über mich gesprochen haben. Das ist nicht der Stil, den ich mir für eine Zusammenarbeit mit Ihnen wünsche. Ich würde gerne von Ihnen wissen, wie wir diese Sache schnell und klar klären können.« Der Ball ist bei Ihrem Kollegen, und Sie haben Ihren Punkt gemacht. Es geht also in der blockadefreien Kommunikation nicht um Weichspülerei und ein kompliziertes, verschwurbeltes »Richtigsprech«, sondern um eine klare innere Haltung. Sich selbst und dem anderen gegenüber. Dann kommen die richtigen Worte von selbst. Und Sie können immer gut reagieren, ohne sich künstlich etwas zurechtlegen zu müssen. Ihr Konfliktpartner bekommt eine reelle Chance, kann sich aber auch nicht mehr mit Tricks aus der Affäre ziehen oder sogar Ihnen den Schwarzen Peter zuschieben. Am Beispiel Kommunikation sehen wir, wie wichtig die Frage der inneren Haltung, des inneren Ich-Zustandes ist.

Sind wir unten auf der Eltern-Kind-Ebene oder oben, im selbstwirksamen, selbstgewissen und balancierten Erwachsenen-Ich? Gehen wir vorurteilsfrei und offen auf Herausforderungen und Menschen zu, oder verschanzen wir uns in einer Welt eigenartiger Voranannahmen? Nehmen wir wahr und ernst, was passiert, und geben klare Rückmeldungen, oder lassen wir uns dauerhaft dominieren und auf der Nase herumtanzen?

MINDFUCK-frei die Wahrheit sagen – Entwicklungsgespräche für Erwachsene

In »Mindfuckhausen« herrschen Tabus und ungeschriebene Regeln. Und eine Menge Illusionen. Werden sie von der Wirklichkeit erschüttert, sind wir geschockt. Viele Menschen sind bereits so sehr daran gewöhnt, im Job mit ihren eigentlichen Gedanken und Gefühlen hinterm Berg zu halten, dass sie im Coaching geradezu fassungslos sind, wenn ich sie bitte, versuchshalber die Wahrheit auszusprechen. Im O-Ton hört sich das an wie folgt:

Eine Frau ist Verkäuferin auf Wochenmärkten. Ende des Jahres ist Hauptsaison. Genau da wird sie in den Mutterschutz gehen: »Ich kann doch meiner Chefin jetzt nicht sagen, dass ich schwanger bin!«

Ein Mann arbeitet für einen kleinen Softwarehersteller. Er hat, einfach gesagt, keine Lust mehr und will sich beruflich neu orientieren. »Ich habe keinerlei Motivation mehr für diese Position und diese Tätigkeit. Ich weiß, dass ich etwas anderes machen möchte, und ich weiß auch schon, was. Aber ich kann das doch nicht laut sagen.«

Eine Frau ist soeben als einzige Frau in eine Top-Position aufgestiegen. Doch dort erlebt sie sich als Außenseiterin: »Ich fühle mich in diesem Führungskreis nicht ernst genommen. Die Männer reden untereinander und schauen über mich hinweg. Das irritiert mich und hält mich davon ab, mich zu konzentrieren. Aber wenn ich das anspreche, bin ich doch die Dumme.«

Zur Fähigkeit, die Wahrheit zu sagen, gehört immer die Fähigkeit, die Wahrheit zu hören. Und auch diese lässt manchmal zu wünschen übrig:
Im MINDFUCK-Modus würde die Chefin der Verkäuferin antworten: »Sie haben vielleicht Nerven, mir zu sagen, dass Sie schwanger sind und ausgerechnet im Weihnachtsgeschäft ausfallen werden!«
Im MINDFUCK-Modus würde der Chef des Softwareentwicklers antworten: »Nicht mehr motiviert? Was fällt Ihnen eigentlich ein!«
Im MINDFUCK-Modus würde der Vorstand der neuen Kollegin antworten: »Jetzt gehen wir mit gutem Beispiel voran und nehmen zum ersten Mal eine Frau in den Führungskreis auf, dann beschweren Sie sich, dass Sie nicht ernst genommen werden. Was wollen Sie denn noch?«

Wie könnte man die Wahrheit sagen? Offen, klar, MINDFUCK-frei und gleichzeitig professionell? So könnte die Lösung aussehen:
Die Verkäuferin zu ihrer Chefin: »Frau X, ich werde zum Weihnachtsgeschäft in den Mutterschutz gehen. Ich möchte gemeinsam mit Ihnen dafür sorgen, dass wir frühzeitig gute Lösungen für alle anstehenden Herausforderungen finden.«
Der Softwareentwickler zu seinem Chef: »Herr Y, mir ist klargeworden, dass ich eine andere Position ins Auge fassen möchte. Ich brauche eine neue Herausforderung und möchte mit Ihnen darüber sprechen, welche Lösung die beste ist.«
Die Topmanagerin zum Vorstand: »Herr Z, ich freue mich sehr, jetzt im Führungskreis dabei zu sein. Und es gibt eine Irritation, die ich gerne mit Ihnen teilen würde. Möglicher-

weise ist es für alle Beteiligten neu und ungewohnt, dass ich an Bord bin. Die Kollegen scheinen noch sehr daran gewöhnt zu sein, sich stark untereinander auszutauschen. Was können wir gemeinsam unternehmen, diesen Kreis auch in der Praxis für mich zu öffnen? Wie gehen wir jetzt am besten vor?«

Wenn unser Innerer Kompass im Job auf Potenzialentfaltung steht, können wir mit allem umgehen. Wir sprechen aus, wenn etwas zu sagen ist. Und wir hören uns an, was andere zu sagen haben. Es ist einfach nur ein Feedback der Wirklichkeit. Kein Grund, innerlich abzurutschen. Lieber sollten wir sicher in der Realität bleiben und uns ein Herz fassen. Erwachsen, selbstwirksam, offen und klar. Möglicherweise müssen wir innerlich erst sortieren, was diese Wahrheit für uns bedeutet, und das kann einen Moment dauern. Aber dann, wenn wir die Information innerlich verarbeitet haben, können wir dem anderen offen und kooperativ begegnen. So könnte es klingen, wenn die Chefs unserer Klienten aus den Beispielen MINDFUCK-frei reagieren:

»Vielen Dank für diese Info und erst mal meine Gratulation für Sie! Lassen Sie uns gemeinsam schauen, wie wir das am besten organisieren. Für Sie, Ihr Baby, Ihre Familie und unser Unternehmen!«
»Keine Motivation mehr? Was haben Sie für sich entschieden? Wie machen wir weiter? Was kann ich dazu beitragen? Welche Möglichkeiten sehen Sie?«
»Sie haben den Eindruck, nicht ernst genommen zu werden? Was können wir gemeinsam unternehmen, damit sich das ändert und unsere Zusammenarbeit wirklich für uns alle erfreulich und produktiv wird?«

Sie sehen, worauf es ankommt: kein Gejammere, keine Drohungen, keine Hilflosigkeitsbekundungen, kein Einreden von Schuldgefühlen! Wahrheiten aushalten und professionell beantworten. Das ist erwachsene Chef-Kommunikation.

Die größte Chance für gelungene, erwachsene Kommunikation haben immer diejenigen, die das Gespräch beginnen. Es liegt also an Ihnen, wenn Sie den Anfang machen. Zeigen Sie sich unsicher, unterwürfig, trotzig oder hart? Oder treten Sie selbstgewiss, offen und verbindlich als gestandener Professional auf? Je besser die Gesprächseröffnung, desto besser wird der weitere Verlauf. Denn potenzialorientierte gelungene Kommunikation unter Erwachsenen hat einen genauso starken Effekt wie umgekehrt MINDFUCK in den Eltern-Kind-Ebenen. Wenn wir erwachsen beginnen, ist die Chance groß, dass unser Gegenüber erwachsen reagiert. Macht er oder sie das nicht, haben wir ein wichtiges Feedback bekommen und sollten trotzdem bei unserem neuen, MINDFUCK-freien Kommunikationsstil bleiben:

»Frau X, Herr Y, Herr Z, ich sehe, dass Sie jetzt sehr irritiert sind.« Pause. »Wie können wir die Sache gemeinsam anpacken?« Schwierige Gespräche sollten Sie immer kurz vorbereiten. Entscheiden Sie, wie Sie dem anderen aus dem Erwachsenen-Ich heraus begegnen wollen. Denken Sie an das Beispiel der Partner in der Unternehmensberatung, die ich gebeten habe, sich vorzustellen, sie würden mit ihren besten Kunden sprechen. Oder an den Klienten, der immer den Dalai Lama vor sich sah, wenn er in eine Haltung von echtem Respekt kommen wollte. Bereiten Sie sich auf jedes Gespräch so vor, dass Sie dem anderen gegenüber eine Haltung von Offenheit und Ernsthaftigkeit entgegenbringen. Echt und ohne Hintergedanken! Denn Menschen merken es, wenn wir uns verstellen und politisch korrekt sprechen, innerlich aber wie Kinder oder bewertende Eltern denken. Sie sind also eingeladen, sich tatsächlich und wirklich Ihrem Gegenüber offen zuzuwenden und selbstgewiss, klar und verbindlich das zu sagen, was dran ist. Sie wissen, da ist ein anderer Erwachsener, ein Mensch aus Fleisch und Blut, der mit allem umgehen kann. Wenn Sie merken, dass Sie im Gespräch abrutschen: Keine Sorge, Sie können geräuschlos und ohne großes Aufheben wieder in Ihre innere Stabilität zurückkehren. Das ist nur eine Entscheidung weit entfernt.

Führen im Erwachsenen-Ich

Beim großen Thema Führen und Geführtwerden gibt es keine Alternative zur MINDFUCK-freien Kommunikation unter Erwachsenen. Allerdings heißt blockadefrei zu führen nicht, zum perfekten, immer ausgeglichenen Allesversteher zu werden, der stets alles im Griff hat. Das wäre eine überzogene Funktion des Eltern-Ich und damit wiederum MINDFUCK. Führungskräfte sind auch nicht dazu da, andere bei der Arbeit dauerzubetreuen, zu bespaßen, ihnen ihre Aufgaben abzunehmen, sie notorisch in Schutz zu nehmen, als persönlicher Kummerkasten zur Verfügung zu stehen oder Spielchen hinzunehmen. Wir dürfen von anderen ebenso erwarten, dass sie sich als Erwachsene zeigen, wie von uns selbst. Ebenso sind Ihre Mitarbeiter nicht dazu da, Ihre Sorgen aufzufangen, sich um Sie zu kümmern oder Ihre Launen auszuhalten.

Deshalb ist es für jede Führungskraft absolut unerlässlich, selbst eine tatsächlich stabile Haltung im Erwachsenen-Ich auszuprägen und sehr sensibel wahrzunehmen, wann sie in die unteren Ebenen abrutscht. Es ist gut, die eigenen Trigger-Punkte zu kennen und zu wissen, was Sie dazu provozieren könnte, sich unterhalb der Möglichkeiten Ihrer reifen Persönlichkeit zu zeigen. Dann ist es wichtig, wie in einer Art kommunikativem Flugsimulator den Ernstfall zu trainieren und die Hebel zu kennen, mit denen Sie wiederum sicher ins

Erwachsenen-Ich zurückkehren können. Ihre Mitarbeiter, Ihre Vorgesetzten und der Betriebsrat werden es Ihnen danken.

An dem folgenden Beispiel können Sie genau beobachten, wie Führungsprobleme entstehen, die auf den ersten Blick ausweglos erscheinen, in Wirklichkeit ihren Ursprung in gegenseitigen Blockaden haben:

Rolf ist Inhaber eines großen handwerklichen Meisterbetriebs. Er hat große Probleme mit einem jungen Mitarbeiter. Dieser kommt immer wieder zu spät zur Arbeit, reagiert auf Aufforderungen unwirsch, überzieht seine Pausen und versucht insgesamt, eigene Regeln für sich durchzusetzen. Rolf versucht es, wie so viele Chefs, zunächst im Guten. Er nimmt den jungen Mann beiseite und redet mit ihm. »Junge, so geht das nicht. Du musst wie die anderen pünktlich sein und dich an die Regeln halten.« Ganz klar: so spricht ein Vater mit seinem Sohn, wenn er noch Hoffnung hat. Doch es bringt nichts. Nun bestraft er den jungen Mann, indem er ihn nicht beachtet. Er spricht nicht mehr mit ihm, behandelt ihn, als ob er für ihn nicht existiere. Rolf sagt: »Der soll ruhig merken, was passiert, wenn er nicht spurt. Dann ist er eben Luft für mich.« So spricht ein strafender Vater, der sich beleidigt gibt und damit klare Manipulationsstrategien nutzt. Auch das bringt nichts. Der junge Mann macht weiter wie bisher. Nun ist sich Rolf sicher: »Der Junge ist ein schlechter Mensch. Der will gar nicht. Der glaubt, mich zum Narren halten zu können.« Kein Wunder, dass Rolfs Druckpegel steigt. Als es wieder Anlass zu Kritik gibt, platzt ihm der Kragen. Vor allen Kollegen und vor Kunden putzt er den Mitarbeiter herunter: »Du Faulpelz, du Nichtsnutz. Jetzt habe ich die Schnauze voll, wenn du nicht spurst, fliegst du sofort raus.« Der Mitarbeiter verlässt umgehend die Szene und meldet sich am darauffolgenden Tag krank. Wenig später flattert Rolf ein Brief vom Anwalt ins Haus. »Dieser Dreckskerl

führt mich an der Nase herum und kommt dann mit dem Anwalt?« An eine einfache Kündigung ist nicht zu denken, der Betrieb ist zu groß. Die Sache endet mit einer saftigen Abfindung für den Mitarbeiter.
Rolf versteht die Welt nicht mehr. Doch er will wissen, was da passiert ist. Will lernen, mit solchen Situationen besser umzugehen und wie er auch schwierige Situationen menschlich meisterhaft gestalten kann. Er kommt ins MINDFUCK-Coaching und hat nach kürzester Zeit verstanden. »Ganz klar, ich war im Eltern-Ich. Bin ich eigentlich allen Mitarbeitern gegenüber. Das ist wirklich sehr bedenklich. Die anderen funktionieren halt brav. Aber mir ist auch klar, dass immer ich derjenige bin, der als Erster kommt und als Letzter das Licht ausmacht. Ich fühle mich nicht wirklich unterstützt, sondern eher wie ein Vater, dessen Jungs mehr schlecht als recht mitmachen, mehr aber nicht. Das ist eine Familie. Eine ziemlich durchschnittliche noch dazu. Aber kein Team von Erwachsenen, die unter meiner Führung miteinander arbeiten.« Rolfs Blockadecode ist: Regel-MINDFUCK (Ein guter Chef ist wie ein Vater zu seinen Mitarbeitern. Er kümmert sich, sagt, wo es langgeht, und die Angestellten haben zu spuren), Misstrauens-MINDFUCK (Mitarbeiter wollen im Grunde nur ihre eigenen Interessen verfolgen. Sie haben gar keine Lust, mehr zu leisten als unbedingt notwendig) und Katastrophen-MINDFUCK (Wenn du die Leute nicht im Griff hast, fährst du alles an die Wand).

Eigentlich ist Rolf ein kreativer, mutiger Mensch, der anderen durchaus etwas zutraut. Bleibt er im Erwachsenen-Ich und behandelt auch seine jungen Mitarbeiter menschlich auf Augenhöhe, dann spricht er anders mit ihnen, manipuliert sie nicht und ist gleichzeitig klar und konsequent. Es geht übrigens ausdrücklich um menschliche Augenhöhe, auch wenn die fachliche Augenhöhe meilenweit entfernt sein sollte. Es

geht nicht darum, so zu tun, als ob Auszubildende Meister wären, und sie in Bereichen nach ihren Meinungen zu fragen, in denen sie einfach noch Lernende sind. Es geht aber ganz sicher darum, auch junge Leute menschlich als Erwachsene unter Erwachsenen zu behandeln und sich mütterliche oder väterliche Verhaltensweisen abzugewöhnen. Oder möchten Sie mit Kindern zusammenarbeiten?
Möglicherweise wäre es auch ohne Rolfs Blockaden zu einer Trennung von dem jungen Mann gekommen. Aber dann in Form einer rechtlich korrekten Trennung nach den Vorstellungen des Meisters, in der er selbst und sein Gegenüber den Konflikt professionell ausgetragen hätten. Am wichtigsten aber wäre gewesen, dass Rolf während dieser Zeit in seiner Kraft und bei voller Konzentration geblieben wäre und keine unnötige Energie in einer Auseinandersetzung auf Eltern-Kind-Ebene verloren hätte. Doch Rolf machte aus der Krise einen Anlass für echte Verbesserungen. Die Einsichten um diesen Vorfall brachten ihn zu einem ganz neuen, zeitgemäßen Führungsverständnis. Ein Führungsverständnis, das auch ihn entlastete. Denn nun akzeptierte er nur noch erwachsene Menschen um sich herum, die sich auch so verhielten: offen, verantwortungsbewusst und engagiert. Mit so einem Team kann man Berge versetzen.

Haben wir uns jetzt alle immer lieb? Oder kann es auch echte Konflikte geben? Selbstverständlich kann es die geben. Im blockadefreien Modus greifen wir nicht mehr zu Eltern-Kind-Strategien der bekannten Sorte zurück (abwerten, beleidigt sein, trotzig-aggressiv werden, intrigieren etc.), sondern wir handeln die Sache unter Erwachsenen auf Augenhöhe aus. In Anerkennung dessen, dass da ein respektabler Mensch vor uns steht, egal was vorgefallen sein mag. Ein hochsensibles, kreatives, eminent intelligentes Wesen, das wir natürlicherweise ebenso ernst nehmen wie uns selbst.

Gerade starke Persönlichkeiten sind manchmal sehr irritiert, wenn ich Sätze wie diese klar und ernst ausspreche. Es klingt für sie ein wenig nach dem berühmten Weichspül-Blabla. Ist es aber nicht. Es ist vollkommen ernst gemeint. Unsere Unternehmenskulturen müssen sich verändern, verbessern, wenn wir produktiver, nachhaltiger und mit mehr Freude zusammenarbeiten wollen. Keiner von uns ist allein auf der Welt, und der volle Erfolg für die Entfaltung beruflicher Potenziale wird erst dann eintreten, wenn er zur gemeinsamen Sache wird. Deshalb sollten wir auch reflektieren, was wir brauchen, um uns im Beruf voll zu entfalten. Und hier sind wir alle eingeladen, unseren Beitrag zu leisten.

Warum wir im Beruf einen neuen Humanismus brauchen

Als der Internet-Vordenker Jaron Lanier im Jahr 2014 den Friedenspreis des Deutschen Buchhandels entgegennahm, forderte er in einer ergreifenden Dankesrede einen neuen Humanismus für die digitale Wirtschaft. Technologische und ökonomische Entwicklungen, die den Menschen nicht als Ausgangspunkt nehmen, laufen in eine falsche Richtung. Doch wie kann ein solcher neuer Humanismus aussehen? Ich denke, dass wir dazu eine neue Form menschlichen Fortschritts brauchen, der in unserem Denken beginnt. Aus meiner Sicht haben wir heute keine andere Alternative mehr, als uns gegenseitig grundlegenden Respekt entgegenzubringen und die Potenzialentfaltung und Lebensqualität jedes Einzelnen zu einem gemeinsamen Ziel zu machen. Verstehen wir auch noch die Zeichen der Zeit, dann gibt es keine andere Möglichkeit. Die natürlichen Hindernisse, die natürlich abnehmende Leistungskurve, die das Alter uns allen irgendwann setzt, können mehrfach aufgewogen werden, wenn wir das emotionale und mentale Potenzial, das überall brachliegt, zu aktivieren verstehen. Dann muss niemand mehr Angst davor haben, nachzulassen und sich tendenziell immer mehr zu überfordern. Es geht dann um einen Reifungsprozess, der auf anderen Ebenen stattfindet und in dem auch die Älteren eine ganz besondere Qualität mit einbringen. Das ergibt aber nur dann Sinn, wenn wir auch Abschied von schlechten Gewohnheiten beim Altern nehmen: Wir müssen aufhören, uns zu verschließen, in Deckung zu gehen, Veränderungen gegenüber immer skeptischer zu werden und immer weniger von uns und unserem Berufsleben zu erwarten, sondern diese spätere Phase des Berufslebens als eine Zeit der Reife mit

hochqualitativen Zielen und einer ganz eigenen menschlichen und inhaltlichen Qualität zu verstehen.
Doch auch mit Blick auf die Jüngeren unter uns gibt es keine Alternative zu einem neuen Humanismus in Unternehmen. Der Wettbewerb um fähige Mitarbeiter hat gerade erst begonnen. Und jedes Unternehmen wird in die Situation kommen, dass es sich seine Mitarbeiter nicht mehr einfach aussuchen, sich ihrer entledigen und andere geräuschlose Austauschaktionen durchführen kann. Sehr viele Führungskräfte machen jetzt schon die Erfahrung, dass sich die Verhältnisse umkehren. Die Fluktuation ist riesig. Die Bereitschaft von Mitarbeitern, im Unternehmen zu bleiben, sinkt. Das ist eine große Herausforderung für jede Organisation. Viele junge Menschen sind nicht zufrieden mit ihrem Beruf und den Bedingungen, die sie an ihrem Arbeitsplatz vorfinden. Nicht alle von ihnen sind im Kind-Ich, wenn sie andere, zeitgemäße Ansprüche an ihr Umfeld und ihre Vorgesetzten stellen. Ich denke aber auch nicht, dass es für Unternehmen darum geht, jedem Mitarbeiter alle Wünsche von den Augen abzulesen und alles zu akzeptieren, was kommt oder nicht kommt. Wohl aber, dass es an der Zeit ist, mit jedem Menschen eine Politik der Nachhaltigkeit und der konsequenten Förderung seiner individuellen Potenzialentfaltung anzustreben. Von Erwachsenen für Erwachsene. Manche Unternehmen haben das schon verstanden und ersetzen keine echten Beziehungen durch beliebige Incentives. Denn diese echten Beziehungen werden um vieles wertvoller sein als Geld, das Mitarbeitern in Zukunft überall angeboten wird. Unternehmen, Unternehmer und Führungskräfte, die das frühzeitig erkennen, haben heute noch alle Chancen, aus ihren Häusern und Abteilungen echte Biotope für Menschen zu machen. Orte, auf die sich ihre Mitarbeiter am Montagmorgen freuen. Weil sie dort einen Ort, Menschen und Aufgaben finden, die ihr Leben wirklich bereichern. Vielleicht

kann auf diese Art eine Vision Wirklichkeit werden, die viele Unternehmer, gerade Familienunternehmer, seit langem haben: das Unternehmen, das für seine Mitarbeiter wie eine Familie ist. Diesmal aber nicht als angestaubte patriarchale Blockaden- und Privilegien-Welt, in der joviale Väter zu ihrem Nachwuchs sprechen, sondern als echter Ort menschlicher Potenzialentfaltung für erwachsene Menschen. Und zwar für alle, wirklich alle. Zeitgemäße Unternehmen sind auf diese Art Familienunternehmen, selbst wenn sie nicht von Inhabern und deren Familien geführt werden. Sie sehen die Menschen, die für sie arbeiten, als Menschen, nicht einfach als Human Resources. Und den Ort, den sie ihnen anbieten, verstehen sie als ein Biotop für erwachsene Menschen. Schließlich verbringen diese Menschen dort das Wertvollste, das sie haben: ihre Lebenszeit. Sie bringen das Kostbarste ein, das sie bieten können: ihre Kreativität, ihre Neugierde, ihre Offenheit und ihre Fähigkeit, Verbindlichkeit und Vertrauen zu schaffen. Ich bin überzeugt davon: Aus diesem Klima heraus werden die wahren Werte dieses Jahrhunderts geschaffen.

Nach Diversity kommt Humanity

Viele Unternehmen ringen heute zu Recht darum, Vielfalt in ihrem Mitarbeiterpool zu fördern. Zum einen, weil es in den nächsten Jahren einfach zu wenig qualifiziertes Personal geben wird, zum anderen, weil es ein Gebot humaner Wertentfaltung ist. Doch es gibt aus meiner Erfahrung in der Praxis noch viele Missverständnisse. Es wird zu viel geschult und informiert. Oft auf eine Art, die in Wirklichkeit nach hinten losgeht und die inneren Blockaden bei allen Beteiligten verstärkt, statt aufzulösen. Ich denke, Diversity-Kompetenzen, die nichts anderes sind als ein unvoreingenommener Umgang mit Menschen unterschiedlichster körperlicher, sozialer oder kultureller Merkmale, müssen weder geschult noch trainiert werden, wenn Menschen in einem Unternehmen und im Leben eine natürliche humane Grundhaltung einnehmen und das Unternehmen diese Grundhaltung auf allen Ebenen immer wieder ermöglicht, kräftigt und Blockadehaltungen von Mitarbeitern als solche erkennt und benennt. Wir alle können Menschen wie Menschen behandeln, unabhängig davon, ob es sich um einen Kollegen, Mitarbeiter, Vorgesetzten, einen Kunden, einen Dienstleister, einen Geschäftspartner, eine Frau, einen Mann, einen jüngeren, älteren, körperlich beeinträchtigten, hetero- oder homosexuellen Menschen, jemanden mit anderer Hautfarbe, anderem kulturellen Hintergrund oder was auch immer für individuellen Merkmalen handelt. Wir müssen uns ausgeklügelt selbst stören, wenn wir das nicht können. Wir müssen eine ganze Heerschar von kulturell geprägten Brettern vor dem Kopf aktivieren, wenn wir die Klischees über das andere Geschlecht, Generationen, andere Kulturen oder sexuelle Orientierungen zum Anlass für unterschiedliche Umgangsformen machen. Es ist eine Störung unseres eigentlichen humanen Potenzials, die aus längst vergangenen Mangel- und Wettbewerbszeiten stammt, in denen sich Menschen viel ausgedacht haben, um Hierarchien nach ihren Vorteilen zu gestalten. Nur wenn wir es so verstehen, kommt dieses Thema endlich vom Kopf auf die Füße.

Es geht nicht darum, krampfhaft »Andersartigkeiten« vorzustellen, zu erklären und für deren Akzeptanz zu werben, sondern die Einzigartigkeit und Originalität jedes Menschen als Grundfaktum unserer humanen Existenz ernst zu nehmen und nicht mehr zur Diskussion zu stellen. Alle Maßnahmen, die »Verständnis für das Andersartige und Fremde« schaffen wollen, nehmen Menschen nicht in ihrer Freiheit und Einzigartigkeit ernst. Sie agieren nicht auf Augenhöhe einer bis in die Haarspitzen diversen, also individuellen Lebenswirklichkeit von freien, gleichen Erwachsenen, sondern immer noch von oben herab aus einem Blockademuster heraus, das das andere aus dem Blickwinkel einer immer noch geltenden hierarchischen Leitkultur betrachtet. Häufig werde ich von Managern verdutzt gefragt, warum ihre Mitarbeiterinnen oft so irritiert auf Diversity-Programme reagierten. Ich denke, mit dem Wissen um MINDFUCK liegt die Antwort auf der Hand. Erwachsene Menschen, Männer wie Frauen, brauchen keine Autoritäten mehr, die ihnen sagen, dass sie in Ordnung sind, so wie sie sind. Es ist eine Zumutung und eine Folge von MINDFUCK, wenn wir weiterhin solche Haltungen in Organisationen und Unternehmen akzeptieren. Die Sache wird auch nicht besser, wenn wir sie in den Begriff der »Inklusion« packen. Dieser aus der Inklusion von Menschen mit Behinderungen stammende Begriff sagt noch viel deutlicher, welche Fehlwahrnehmung vielen gängigen Konzepten im Moment zugrunde liegt. Es gibt dann bereits ein im Begriff angelegtes Innen und ein Außen. Wir da drinnen, die da draußen. Das Neue ist: Wir da drinnen lassen euch da draußen jetzt drinnen mitspielen. Selbstverständlich nach unseren Regeln. Auch hier wundern sich manche Manager, warum so wenig Interesse der Exkludierten an der Inklusion besteht. Möglicherweise liegt es daran, dass die Regeln drinnen für niemanden da draußen mehr attraktiv sind. Siebzigstundenwochen, Herrenkulturen mit ausgeprägtem Wettbewerbsverhalten, politisch motivierte Ego-Shows, einseitige Lebensfixierung auf den Beruf. Wer will das heute noch?

Wir brauchen Humanity-Programme

Mein Vorschlag ist deshalb, über Humanity-Programme nachzudenken, an denen alle Mitarbeiter – Männer wie Frauen, von der Chefetage bis zu den Auszubildenden – teilnehmen. Dort geht es darum, Blockadestrukturen in unser aller Denken, die aus verschiedenen Quellen individueller Erfahrungen oder kollektiver Überlieferungen stammen, zu erkennen und zu beenden, um das volle humane Potenzial im Unternehmen zu entfalten. Dass solche Humanity-Programme fundamentale Auswirkungen auf die Kultur, Organisation und möglicherweise auch die Strategie eines Unternehmens haben, liegt auf der Hand. Möglicherweise bräuchten wir dann irgendwann keine Quoten mehr. Die Paritäten würden sich natürlicherweise selbst regulieren, wenn Menschen sich grundsätzlich blockadefrei auf Augenhöhe begegnen und tatsächlich Fähigkeiten und Kompetenzen, die Selbstwirksamkeit und die positive integrative Wirkung eines Menschen auf andere den Ausschlag für Beförderungen geben. Das Besondere ist, dass genau diese Fähigkeiten tatsächlich von allen Menschen ganz neu wiederentdeckt und freigelegt werden müssen. Da hat niemand von Natur aus Wettbewerbsvorteile. Weder Männer noch Frauen. Weder Alte noch Junge, oder welche Differenzierungskriterien wir noch anlegen wollen. Die Nachteile wie die Vorteile sind ungefähr gleich verteilt. Warum? Weil in autoritär-hierarchischen Gesellschaften alle Menschen eine spezifische Form von »Beschnitt« über sich ergehen lassen mussten. Bestimmte Fähigkeiten wurden durch diesen Beschnitt gefördert, andere abtrainiert. Heute aber brauchen wir alle konstruktiven Fähigkeiten, die Menschen haben können. Wir sind damit in den freien, demokratischen Gesellschaften und ihren Unternehmen in einer Art Stunde null in der Geschichte der Menschlichkeit. Eine aufregende, großartige Chance für uns alle.

Die hierarchische Welt ist eine Welt voller Tabus und ungeschriebener Regeln. Da auch Unternehmen und Organisationen nach wie vor in Hierarchien organisiert sind, finden wir diese Tabus und ungeschriebenen Regeln in jeder Unternehmenskultur wieder. Professionelle und organisatorische Hierarchien mit unterschiedlichen Verantwortungsebenen human und potenzialorientiert zu gestalten, gehört sicherlich zu den großen Herausforderungen der Organisationsentwicklung des 21. Jahrhunderts. Ich denke, Hierarchien sind kein Problem, wenn auf allen Seiten erwachsene Menschen miteinander arbeiten, die sich grundsätzlich auf menschlicher Basis unter freien, bürgerlich gleichen Erwachsenen ernst nehmen und offen miteinander kooperieren. Unterschiede zwischen Menschen gehören zu den Bedingungen unserer Existenz, und sie sind eine Quelle von Kreation und Innovation, wenn wir sie zu nutzen wissen. Dass dies einfacher ist, als wir uns vielleicht gedacht haben, zeigt die enorme Wirkung, die allein die Veränderung innerer Haltungen im Berufsleben bewirkt. Neue zeitgemäße Unternehmenskulturen sind Biotope für grundsätzlich selbstverantwortliche erwachsene Menschen, die gerne mit anderen im Sinne des Unternehmens zusammenarbeiten. Biotope, in denen sie sich und ihre Fähigkeiten gerne einbringen. Biotope dieser Art brauchen Führungskulturen, die auf die Fähigkeit zur Kooperation und zu einer Form von Kommunikation abzielen, die es jedem Einzelnen ermöglicht, sein individuelles Potenzial auch im Sinne des Unternehmens zu entfalten. Sicherlich müssen auch die Rahmenbedingungen und Hygienefaktoren wie Gehalt und konkrete Arbeitsbedingungen stimmen, aber noch wichtiger ist der innere Wandel, der in den Köpfen stattfinden muss. Ich sehe den Innovationsbedarf nicht nur bei Führungskräften, sondern ebenso bei den Mitarbeitern. In den letzten Jahren hat sich in der Öffentlichkeit aus meiner Sicht ein Bild der Chef-Schelte festgesetzt, das ich aus meinen Erfahrungen in der Praxis mit beiden Seiten nicht teilen kann. Sowohl Mitarbeiter als auch Vorgesetzte haben Lernbedarf, wenn es darum geht, systemisch konsequent erwachsen zu bleiben. Niemand kann die Schuld auf den anderen schieben. Wir sitzen alle in einem Boot. Wir stammen aus dem gleichen Jahrhundert. Und unsere Möglichkeiten, dramatische Verbesserungen in der Lebensqualität und in den Ergebnissen zu bekommen, sind immens.

Was jeder von uns dazu beitragen kann

Ist der Ort, an dem Sie gerade arbeiten, ein Ort menschlicher Potenzialentfaltung? Wenn Sie noch nicht mit Ja antworten können: Hat er eine reelle Chance, es zu werden? Sie werden mit dem Wissen, das Sie nun haben, bereits einiges bemerkt und beobachtet haben. Jeder Arbeitsplatz leidet auf die eine oder andere Art noch unter MINDFUCK. Und jeder von uns hat noch seinen Teil dazu beigetragen. Wir wussten einfach nicht, was wir tun. Die spannendste Frage, die sich nun stellt, ist, was Sie und jeder von uns dazu beitragen können, dass Begegnungen unter Menschen produktiver und erfreulicher werden. Zu erkennen, was wir mit uns und anderen machen, welche Blockaden wir innerlich aufgebaut haben, diese einzureißen und die Chancen und Entfaltungsimpulse hinter dem Störungscode zu entdecken, ist der wichtigste und größte Schritt, den jeder von uns gleich heute umsetzen kann. Veränderung beginnt im eigenen Kopf, im eigenen Herzen und im eigenen Handeln. Wenn es sich gut anfühlt, ist es ansteckend. Der Umgang mit Menschen, die sich und andere nicht mehr blockieren, fühlt sich mehr als gut an, er ist inspirierend und motiviert uns auf einer sehr tiefen, natürlichen Ebene. Wir brauchen mehr von diesen »Leuchttürmen«, und jeder von uns kann einer sein.

Was wir alle davon haben

Es geht bei der Potenzialentfaltung, die ich hier meine, nicht um eine Ego-Show und neue Spielart der Selbstoptimierung, sondern um ein zutiefst humanes, aufklärerisches und auch soziales Projekt, das wir dringend brauchen, damit dem technischen Fortschritt endlich ein angemessener menschlicher folgt. Viele der großen Wertediskussionen in Wirtschaft und Gesellschaft, z.B. um Corporate Social Responsibility (gesellschaftliche Verantwortung von Unternehmen), Diversity oder Umweltschutz werden sich von selbst und ganz natürlich in eine ungeahnt kreative und wirkungsvolle Richtung entwickeln, wenn wir beim innersten Umweltschutz dieses Planeten, bei unserem eigenen Denken und Selbstverständnis beginnen. Wie gehen wir miteinander um, wenn wir uns als Menschen unter Menschen verstehen? Wie gehen wir mit unserem Planeten um, wenn wir ihn als die Lebensgrundlage unserer hochfiligranen Spezies verstehen? Das sind große Fragen. Und sie haben ihren Ursprung und ihr Ziel im Grunde bei jedem Einzelnen von uns. Und so auch bei Ihnen und Ihrem großen Projekt Leben. Bei Ihnen und der Welt, die Sie um sich herum vorfinden und auf Ihre Art erkunden, erleben und bereichern werden. MINDFUCK-frei wird es Ihnen leichtfallen, all die Fragen, die ich Ihnen im Lauf dieses Buchs gestellt habe, mit Leichtigkeit und Freude zu beantworten. Und wenn doch einmal ein schräger Gedanke hochkommen sollte: macht doch nichts. Ist ja nur MINDFUCK. Und Sie wissen, dass Sie ihn verstehen können und den Schatz, der dahinter wartet, nur heben müssen.

Einer meiner Lehrer erzählte einmal eine schöne Geschichte. Ich weiß nicht, ob sie wahr ist, aber mir bedeutet sie viel. Nach dem Zweiten Weltkrieg sollen auf den vielen japanischen Inseln noch über Jahrzehnte hinweg verschollene Soldaten gelebt haben. Als man sich in Japan dessen bewusst wurde, fragten sich die Verantwortlichen, wie man diese in der Wildnis lebenden Männer möglichst schonend wieder in die Gegenwart zurückholen könnte. Manche von ihnen sollen noch nicht einmal gewusst haben, dass der Krieg schon lange vorbei war. Um sie nicht zu erschrecken, takelte man ein altes Kriegsschiff wieder auf und zog den Soldaten, die die Veteranen nach Hause holen sollten, die Uniformen des vergangenen Krieges an. So holte man die Veteranen also ab, empfing sie an Land mit allen Ehren und bedankte sich mit großem Ernst bei ihnen. Vielleicht sollten wir mit unseren MINDFUCKS und der alten Fehlpolung unseres Inneren Kompasses ähnlich großzügig sein. Sie waren einmal wichtig. Sie haben ihre Pflicht getan. Aber nun, da der Krieg vorbei ist, können wir zur Ruhe kommen und müssen nicht mehr kämpfen. Es ist an der Zeit, heimzukommen und anzukommen in unserem Leben, in unserer Zeit und den vielen Möglichkeiten, die sich heute bieten.

Was ich Ihnen wünsche

Fliegen wir noch einmal wie die Engel aus *Der Himmel über Berlin* zu den Menschen, deren Gedanken wir an einem ganz normalen Montagmorgen belauschen konnten. Da sind die Verkäuferin und die Auszubildende in der Bäckerei. Es duftet nach frischen Brötchen, die junge Frau ist stolz auf den blitzblanken Laden. Sie weiß, dass auch sie dazu beiträgt, dass alles so gut läuft und sich so viele Menschen gerne an diesem wohlriechenden Ort einfinden. Ihre Kollegin und Ausbilderin, die einem Kunden gerade Wechselgeld herausgibt, freut sich. Gleich wird sie mit ihrer Auszubildenden das tägliche Mentorinnen-Gespräch führen. Sie hat sich gestern Abend noch ein paar besonders wertvolle Tipps notiert, die der jungen Frau eine Menge Ärger ersparen werden. Als der Kunde zur Tür hinaus ist, denkt sie sich: »Bei mir war das damals alles noch anders. Wie gut, dass wir heute so miteinander umgehen.« Sie wendet sich ihrer Kollegin zu, die neben ihr steht, und lächelt.

Der Manager im Büro gegenüber kommt gerade an. Er hat noch seine Laufsachen an und wird sich gleich im Büro duschen. Unterwegs hat er ein paar wirklich gute Ideen gehabt. Für den Nachmittag freut er sich schon auf seine Mitarbeiter, mit denen er eine kreative neue Strategie entwickeln will. Und heute Abend kocht er gemeinsam mit seiner Frau und den Kindern für liebe Freunde.

Unser Webdesigner ist nicht zu Hause. Er hat sich einen Schreibtisch in einem der neuen Work-Spaces angemietet. Im Moment trinkt er noch einen Kaffee mit den anderen Designern. Gestern ist ein spannendes Kooperationsprojekt entstanden. Wer hat eigentlich gesagt, dass er alles allein machen muss? Er lächelt still in sich hinein, als er noch einmal den Knopf der Espressomaschine drückt.

Und in der Arztpraxis? Ist ein neuer junger Arzt dabei, mit einer Innenarchitektin die Räume nach seinen Vorstellungen einzurichten. Ist das eine aufregende Zeit! Endlich angekommen in der eigenen Praxis. Endlich daheim im Traumberuf, denkt er und betritt sein zukünftiges Sprechzimmer. Nur noch zwei Tage, bis die ersten Patienten kommen. Die Ärztin, die ihm die Praxis verkauft hat, hat sich eine Auszeit genommen. Sie ist gerade in Neuseeland angekommen, dem Land ihrer Kindheitsträume. Sie will für zwei Monate dableiben und sich in Ruhe Gedanken über ihre Zukunft machen. MINDFUCK-frei, offen und neugierig.

Und irgendwo da draußen sind Sie. Mit allen Ihren Fähigkeiten. Mit allen Ihren Ideen. Ihrer immensen Kreativität, Ihrem Herzen und Ihrem Verstand. Einzigartig und faszinierend. Wunder Mensch unter Menschen. Wie gut für Sie und für uns alle, dass Sie Ihre Blockaden beenden und sich entschieden haben, Ihr volles Potenzial zu entfalten. Es wird jedem Engel Spaß machen, Ihnen über die Schulter zu schauen. Ich wünsche Ihnen, dass die kommenden Jahre die allerbesten Ihres Lebens werden.

Literaturhinweise

Adler, Alfred: Der Sinn des Lebens. Köln 2008 (Erstauflage Wien/Leipzig 1933)

Bock, Petra: MINDFUCK. Warum wir uns selbst sabotieren und was wir dagegen tun können. München 2011

Bock, Petra: MINDFUCK. Das Coaching. Wie Sie mentale Selbstsabotage überwinden. München 2013

Bock, Petra: MINDFUCK Love. Wie wir uns in der Liebe selbst sabotieren und was wir dagegen tun können. München 2014

Bock, Petra: Die Kunst, seine Berufung zu finden. Frankfurt am Main 2007

Bock, Petra; Stilijanow, Ulrike: Keine Zeit für gesunde Führung? Befunde und Perspektiven aus Forschung und Beratungspraxis. In: Bundesanstalt für Arbeitsschutz und Arbeitsmedizin et al. (Hrsg.). Immer schneller, immer mehr. Wiesbaden (Springer Fachmedien) 2013

Gallwey, W. Timothy: The Inner Game of Tennis. New York: Random House 2008. Deutsche Erstausgabe, erschienen 1977 bei Wila Verlag Wilhelm Lampl KG, München.

Lanier, Jaron: Wem gehört die Zukunft? Hamburg 2014

Schmid, Wilhelm: Mit sich selbst befreundet sein. Frankfurt am Main 2007

Sprenger, Reinhard: Die Entscheidung liegt bei dir! Frankfurt am Main 1998

Adressen

Dr. Petra Bock hält Vorträge, gibt Seminare und bietet Einzel- und Gruppencoachings für Menschen und Unternehmen, die ihr volles berufliches und persönliches Potenzial entfalten wollen. Mehr darüber und über die Autorin finden Sie unter:
www.petrabock.de

Weitere Inspiration, kostenlose Downloads, Seminartermine und gezielte Programme zu verschiedenen Themen aus Beruf und Leben und eine Liste von in der Methode ausgebildeten Coachs finden Sie unter:
www.mindfuck-coaching.com

Dr. Petra Bock führt eine eigene Coaching-Akademie, die zu den ersten Adressen für Aus- und Fortbildung von Coachs im deutschsprachigen Raum gehört. Sie können sich dort zum Life- oder Business Coach und Team Coach ausbilden lassen und eine Masterclass für Fortgeschrittene absolvieren. Der in diesem Buch von Dr. Petra Bock vorgestellte Ansatz, den die Autorin in ihren mittlerweile vier MINDFUCK®-Titeln vorgestellt hat, ist eine Innovation in der Arbeit mit Menschen und in der Anwendung von hoher Wirksamkeit und zugleich sehr anspruchsvoll. Wenn Sie selbst im Coaching oder in der Psychotherapie professionell mit dem international geschützten MINDFUCK®-Ansatz arbeiten wollen, können Sie die Methode derzeit noch bei der Begründerin selbst an ihrer Akademie erlernen. Sie finden alle Informationen zu den Aus- und Fortbildungsangeboten unter:
www.dr-bock-coaching-akademie.de

Dank

Menschen brauchen einander, um wirklich gute Arbeit zu leisten. Ich bin dankbar für so viele engagierte Menschen in meinem Umfeld, die mich und meine Arbeit unterstützen, inspirieren und mir mit Rat und Tat zur Seite stehen. Mein besonderer Dank gilt: Madeleine Schwinge für so viel Kraft, Zeit, Feedback und Inspiration. Margit Ketterle von Droemer Knaur für ihre ungeheure Energie, die stets offenen Worte und inspirierenden Gespräche, Nadine Lipp und Iris Hechenberger für die Betreuung des Buchprojekts von Verlagsseite, Antje Nissen für ihr umsichtiges und hochkompetentes Lektorat. Christoph Kellner für seine großartigen Illustrationen der MINDFUCK®-Welt. Margit Schönberger, Greta Andreas und Cecil Omen für ihre Kompetenz, ihre Menschlichkeit und ihren immer guten Rat! Sandra Günner, Ilona Blatt, Esther Fortmann, Heidi Dommaschke, David Reitenauer, Simon Bücker – meinem Team – für erstklassige Zusammenarbeit und einen gemeinsam gelebten beruflichen Traum. Kara Pientka, Stefan Keulen und Prof. Dr. Doris Kolesch für ihre kollegiale Unterstützung und wertvolle Arbeit an unserer einzigartigen Akademie. Dem ersten Jahrgang der von mir ausgebildeten und lizenzierten MINDFUCK®-Coachs für den intensiven und inspirierenden Austausch zur Tiefenarbeit mit meiner Methode. Ulrich Michel und Edith Forster danke ich für die wunderbare Freundschaft. Anja Gröschel für Inspiration durch die Kunst und erstklassiges Sparring in vielen anderen Fragen. Immer wieder und von Herzen: Sabine Asgodom und Lothar Seiwert, meinen früheren Mentoren und wichtigen Impulsgebern. Siegfried Brockert für seine frühe Analyse und Würdigung des neuen Ansatzes. Jürgen Bache von der International Coach Federation Deutschland für sein großes persönliches Engagement.

Mein größter Dank gilt Kara Pientka, meiner alten Freundin, erstklassigen Kollegin und langjährigen beruflichen Weggefährtin. Ihr ist dieses Buch gewidmet. Liebe Kara, es macht einfach Freude, dich zu erleben und mit dir zusammenzuarbeiten. Auf die nächsten zwanzig Jahre!

Über die Autorin

© Stefan Maria Rother

Dr. Petra Bock gehört zu den erfolgreichsten Coachs in Deutschland. Sie ist eine Pionierin des Life- und Businesscoachings in Deutschland mit einer eigenen Lehr- und Ausbildungsakademie in Berlin. Petra Bock hat in ihrer fünfzehnjährigen Coaching-Tätigkeit das vorbewusste Selbststeuerungszentrum im Denken von Menschen entdeckt, erstmals systematisch beschrieben und eine Methode entwickelt, wie sich jeder Mensch von Blockaden befreien und sein volles Potenzial entfalten kann. Bevor sie sich Anfang des Jahrtausends auf das Coaching und die Beratung von Einzelpersonen, Teams und namhaften Unternehmen konzentrierte, forschte sie als Wissenschaftlerin zu den Revolutionen und Transformationen des vergangenen Jahrhunderts und begleitete als Beraterin für mehrere Jahre Change-Prozesse im Frankfurter Bankensektor. Dr. Petra Bock ist Founding Fellow des Institute of Coaching Professional Association (ICPA, Boston), Mitglied der International Coach Federation (ICF) und professionelles Mitglied der German Speakers Association (GSA), dem Spitzenverband deutschsprachiger Rednerinnen und Redner, dessen Vorstand sie zwischen 2009 und 2011 angehörte.

Petra Bocks Bücher sind internationale Bestseller und wurden in zahlreiche Sprachen übersetzt. Für ihre Leistungen wurde sie 2012 mit dem Coaching Award in der höchsten Kategorie ausgezeichnet.

PETRA BOCK

MINDFUCK

Warum wir uns selbst sabotieren und
was wir dagegen tun können

Wir werden täglich zum Opfer von Mindfuck: wenn wir versuchen, es anderen recht zu machen, und darüber unsere eigenen Bedürfnisse vergessen. Wenn wir uns selbst kritisieren und abwerten. Wenn wir uns an starre Regeln halten, anstatt selbstbewusst unseren Weg zu gehen. Wenn wir dauerhaft unter unseren Möglichkeiten bleiben.

Petra Bock ist eine der erfolgreichsten Coachs in Deutschland und hat das Phänomen der mentalen Selbstsabotage analysiert. Sie erklärt, welche Denkmuster Mindfuck erzeugen, woher sie kommen und wie wir sie überwinden – um endlich unser wahres Potenzial auszuschöpfen und unser Leben zu verbessern.

»Unterhaltsam, motivierend und wissenschaftlich fundiert mit Blick auf den Arbeitsmarkt der Zukunft, fordert das Buch dazu auf, alte Denkmuster zu überprüfen und über Bord zu werfen.«

Tagesspiegel

KNAUR

PETRA BOCK

MINDFUCK – DAS COACHING

Wie Sie mentale Selbstsabotage überwinden

»Die Gehaltserhöhung bekomme ich nie«, »Ich bin doch zu alt, um noch mal neu anzufangen«, »Ich schaffe das nicht, besser, ich lasse es gleich.« Sätze wie diese sind typische Mindfuck-Sätze. Sie hindern uns daran, frei und selbstbewusst zu handeln und ein Leben entsprechend unseren Möglichkeiten zu führen. Petra Bock verrät in diesem Praxisbuch die wirkungsvollsten Strategien, um sich von alten Denkmustern zu befreien und das eigene Potenzial auszuschöpfen.

- Das Praxisbuch zum MINDFUCK®-Ansatz
- Preisgekrönter Ansatz zur Überwindung mentaler Selbstsabotage
- Die bahnbrechende Drei-Schritte-Methode für ein Mindfuck-freies Leben
- Mit zahlreichen hochwirksamen Coaching-Einheiten und spannenden Übungen

Ein Buch, das Ihr Leben verändern wird.

»Nicht ohne Grund gehört Petra Bock zu den erfolgreichsten Coaches in Deutschland.«

Lesen und Hören

KNAUR